AF578910

LEÇONS
D'AGRICULTURE ÉLÉMENTAIRE

A L'USAGE

DES JEUNES FILLES
DES ÉCOLES PRIMAIRES RURALES

PAR

La Société départementale d'Agriculture et
d'Industrie d'Ille-et-Vilaine.

Qui fait aimer les champs fait
aimer la vertu. DELILLE.

RENNES,
SOCIÉTÉ DÉPARTEMENTALE D'AGRICULTURE ET D'INDUSTRIE
D'ILLE-ET-VILAINE,
3, Rue de Bordeaux, 3.

1895

TABLE DES MATIÈRES.

RENNES. — IMPRIMERIE DE H. VATAR.

PRÉFACE.

L'Agriculture est la première, la plus belle, la plus noble, la plus digne des professions. CICÉRON.

Nous n'avons pas voulu, en présentant à la classe agricole ce modeste livre, publier un cours complet d'agriculture, mais seulement indiquer aux jeunes filles les devoirs multiples et importants qu'elles ont à remplir pour devenir des femmes d'ordre, intelligentes, dignes du beau nom de cultivatrices.

C'est donc à grands traits que nous avons indiqué les obligations sociales de la fermière, laissant à la mère de famille le soin de compléter par ses bons exemples et la pratique journalière, les choses qui ne peuvent s'apprendre qu'à la ferme.

Notre Société d'Agriculture a compris que, pour attacher l'homme au sol, il fallait qu'il s'y trouvât heureux et, par là-même, que la mission de la femme était de coopérer à ce bonheur.

Elle a donc voulu la diriger dans cette voie en lui donnant les connaissances nécessaires pour pouvoir aider et remplacer son mari au besoin.

Notre distingué Président, M. le comte de Montgermont, a dirigé avec une grande compétence les travaux de nos dévoués collaborateurs et collaboratrices, dont la modestie nous fait un devoir de taire les noms. On devine combien nous nous félicitons d'avoir obtenu leur éclairé concours et combien nous sommes heureux d'avoir l'occasion de leur exprimer publiquement toute notre gratitude.

Nous allons donc inaugurer dans les écoles de filles cette méthode spéciale d'enseignement agricole, qui a déjà brillamment fait ses preuves dans les écoles de garçons, sous la présidence si autorisée de

M. le vicomte Charles de Lorgeril, ancien député, et la collaboration active du C. Frère Abel.

Cet ouvrage comprend 30 leçons, divisées en trois parties.

Dans la première, la plus importante — *La fermière dans son ménage* — sont renfermés les devoirs de la femme à la maison.

La seconde partie — *La fermière dans son jardin* — comble une lacune trop commune dans l'éducation de nos cultivatrices. Elles n'ont point de jardin, ou ne savent pas le cultiver.

C'est la femme intelligente qui doit s'occuper du jardinage, afin d'avoir toujours des légumes pour varier l'ordinaire des repas et apporter un bien-être profitable et peu coûteux à tous les travailleurs de la ferme.

La troisième partie — *La fermière dans les champs* — donne des idées générales de culture qui pourront aider la femme à suppléer son mari et à diriger une exploitation.

Nous souhaitons à ce petit livre le même succès, dans les écoles de filles, que son prédécesseur (son frère, dirai-je) — *L'agriculture à l'école primaire* — a remporté chez les garçons.

Notre devise :

Qui fait aimer les champs fait aimer la vertu,

n'est-elle pas d'heureuse augure?

Elle est l'expression du caractère moral et religieux de notre œuvre; puisqu'il est impossible de parler de l'agriculture sans penser au Créateur.

« Il donne aux fleurs leur aimable parure,
» Il fait naître et mûrir les fruits,
» Il leur dispense avec mesure
» Et la chaleur du jour et la fraîcheur des nuits. »

F. Ripert,
Secrétaire général de la Société d'Agriculture.

Rennes, le 1er janvier 1895.

PREMIÈRE PARTIE

LA FERMIÈRE DANS SON MÉNAGE.

1re LEÇON.

Notions Préliminaires.

La profession d'agriculteur est honorable et sainte. (S. AUGUSTIN.)

1. — L'Agriculture est la première, la plus utile, la plus noble, la plus digne des professions.

C'est la première, car nous lisons dans l'ancien Testament que les patriarches étaient tous laboureurs ou pasteurs.

2. — C'est la plus utile, puisque la mission du cultivateur est de procurer le pain à ses semblables.

3. — La plus noble, car naturellement l'homme des champs portera son regard vers le ciel pour demander à Dieu de protéger cette semence qu'il va confier à la terre. Enfin c'est la plus digne : la simplicité de la vie rurale et l'éloignement de la corruption des villes rendent plus faciles à l'homme une noble dignité et le respect de soi-même ; le contact de la nature élève son âme vers le Créateur.

4. — Il appartient sans doute à l'homme de diriger et de faire les grands travaux des semences et des récoltes; mais la femme qui est sa compagne et son auxiliaire, qui partage son bonheur dans le succès et l'assiste dans l'infortune, doit le seconder avec activité, intelligence et dévouement. Son rôle dans la ferme est plus effacé peut être, il n'est pas moins important.

5. — A elle la tenue du ménage et le soin des petits êtres que Dieu lui a confiés : elle doit être la Providence, l'Ange gardien de la maison.

Qu'il est heureux celui qui a pour compagne la femme forte de l'Ecriture, c'est-à-dire celle qui, toute à son devoir, marche courageusement, faisant face à toutes les difficultés, et veillant attentivement à l'exécution de tous les travaux.

Questionnaire.

1. — Quelle est la première des professions ?
2. — Quelle est la plus utile ? dites pourquoi ?
3. — Quelle est la plus noble ? dites pourquoi ?
4. — Que doit faire la femme auprès du laboureur ?
5. — A qui appartient-il de tenir le ménage ?

Problème.

1. — Un cultivateur achète un cheval qu'il revend avec 110 fr. de bénéfice. Que lui a coûté ce cheval, s'il a reçu en échange une vache valant 340 fr., un veau 80 fr. et 270 bottes de fourrage à 0 fr. 32 l'une ?

Rédaction.

1. — Ecrivez à une petite amie qui se croit trop délicate pour les travaux des champs pour lui faire comprendre que la vie au grand air lui est meilleure que le travail étiolant des grandes villes.

2e LEÇON.

Des qualités de la fermière.

L'activité est la mère de la prospérité.

6. — La principale qualité de la bonne ménagère est l'activité, qui consiste à faire vite et bien. Levée toujours la première, elle éveille aussitôt le travailleur, donne les soins que réclament les animaux et prépare le déjeuner.

7. -- L'ordre, la propreté sont absolument nécessaires à la tenue d'une maison. Avoir de l'ordre, c'est mettre chaque chose à sa place, faire chaque chose en son temps.

8. — Etre propre, c'est avoir sur soi les vêtements convenables et tenir les meubles de la maison sans poussière, autant que possible. Il est beau de voir dans une ferme ces grandes armoires cirées et luisantes comme un miroir, ces chaudrons et bassines brillant au soleil comme l'or et l'argent, et bien légitime est l'orgueil de la ménagère dont les soins rendent le logis si beau à l'œil du maître et de l'étranger.

9. — Si la propreté est nécessaire et agréable, l'ordre et l'économie sont la richesse du fermier. La femme soigneuse apporte autant au logis que le laboureur en cultivant ses champs; car c'est elle qui double le profit ou la durée des choses en les utilisant à propos ou en ne les laissant jamais ailleurs qu'à leur place. C'est elle qui évite les pertes de temps de son personnel en lui donnant l'exemple et en veillant à ce que chaque ouvrage se fasse en son temps et lieu.

10. — Pour atteindre ce but, c'est de bonne heure que la mère doit former sa fille à la tenue du ménage, l'habituant doucement au lever matinal, d'abord, et au travail, par degré, selon ses forces; mais, c'est aussi de tout cœur et avec toute sa bonne volonté que l'enfant doit chercher à profiter des leçons et des exemples de celle qu'elle aime le plus au monde, puisqu'elle lui doit tout après Dieu.

C'est près de sa mère que la jeune fille apprendra à entretenir, à réparer le linge de la famille. C'est en la suivant à la laiterie, au potager et dans les étables qu'elle apprendra à soigner le lait, faire le beurre et le fromage; à semer en saison voulue, au jardin, les légumes utiles à la cuisine et les fleurs qui donnent un aspect si riant à la ferme; enfin, à distribuer au bétail la ration de nourriture qui lui est nécessaire et à économiser les provisions en été afin de les retrouver en hiver, où rien ne pousse au dehors.

Questionnaire.

6. — Quelle est la principale qualité de la bonne ménagère?

7. — Qu'entendez-vous par l'expression : avoir de l'ordre?

8. — Qu'est-ce qu'être propre sur soi et dans la maison?

9. — Que fait la femme soigneuse au logis?

10. — Quels sont les devoirs de la mère et de l'enfant?

11. — Comment la jeune fille apprendra-t-elle à raccommoder le linge et à travailler dans la ferme?

Problème.

2. — Une bonne ménagère porte au marché 1 kilo de beurre qu'elle vend 0 fr. 90 le 1/2 kilo, 3 douzaines d'œufs qu'elle vend 0 fr. 70 la douzaine, 4 couples de poulets à 2 fr. 50 le couple. Combien rapporte-t-elle?

Rédaction.

2. — Racontez ce que sont les occupations d'une bonne fermière et les devoirs d'une jeune fille.

3e LEÇON.

La journée de la fermière.

Aide-toi le ciel t'aidera.

12. — La journée de l'homme des champs est laborieuse; mais celle de sa compagne ne l'est pas moins, quand elle est toute à son devoir d'épouse, de mère et de maîtresse de maison.

13. — Levée la première de la ferme, souvent au point du jour en été et jamais plus tard que 5 heures en hiver, son premier soin, après avoir offert sa

journée à Dieu, doit être de réveiller son personnel et de traire les vaches auxquelles on donne en même temps la première ration.

14. — A son retour de l'étable, la ménagère doit préparer le déjeùner des travailleurs le plus soigneusement possible car, si le corps dépense des forces, une nourriture saine et abondante doit les réparer et les soutenir.

15. — Le premier repas dans une ferme consiste généralement en une soupe, du pain et du cidre ou autre boisson selon les produits, et c'est à la préparation de cette soupe que la femme doit apporter tous ses soins, veiller à ce que la quantité de légumes soit suffisante, et y ajouter le beurre ou la graisse nécessaire pour la rendre nutritive.

16. — Les enfants, à moins qu'ils ne soient au maillot ou malades, ne doivent pas avoir d'autres aliments. Il est déplorable de voir combien l'habitude du café se répand dans nos campagnes. La nourriture à la soupe est un aliment complet, de digestion facile, réparant rapidement la déperdition des forces : nos pères en faisaient la base de leur alimentation.

17. — Après le départ des laboureurs pour les champs, la ménagère profite de ce moment de calme pour lever les enfants, les habiller proprement, pour les envoyer ensuite à l'école le plus régulièrement possible, sans écouter les récriminations des petits paresseux qui, parfois, préfèrent la vie libre au règlement de la classe. Oh oui! que l'enfant soit instruit, mais que les parents fassent choix des écoles et qu'ils n'oublient pas que, s'ils doivent faire instruire ces petits êtres que Dieu leur a confiés, ils répondront de leurs âmes, car la première des sciences est celle qui fait les chrétiens.

Questionnaire.

12. — Que doit-être la journée de la fermière?

13. — Doit-elle être levée la première et quelles doivent être ses premières occupations?

14. — A son retour des étables que doit-elle préparer ?

15. — Quels soins doit-elle apporter à la préparation du premier repas ? En quoi consiste le déjeûner dans une ferme ?

16. — Les enfants doivent-ils prendre autre chose ?

17. — Doit-on envoyer les enfants à l'école ? Que doivent être ces écoles : pourquoi ?

Problème.

3. — Un propriétaire fait paver une vacherie de forme rectangulaire de 10 mètres de long sur 6 de large. Combien lui faudra-t-il de briques sachant qu'il en entre 44 par mètre carré.

Exercice manuel.

1. — Coudre un bouton.

4e LEÇON.

La journée de la fermière (*Suite*).

L'homme ne peut rien sans le secours de Dieu.

18. — La matinée paraît bien courte quand on travaille; aussi la ménagère, après avoir fait son ménage, verra-t-elle venir tout d'un coup l'heure de préparer le repas de midi. Dans bien des fermes, en Bretagne, ce repas se compose de galettes de blé noir que le laboureur aime à manger toutes chaudes dans du lait ou avec du beurre, et comme il a bon appétit, la fermière doit veiller à ne pas se mettre en retard. Soupe, lard ou galette, tout doit attendre les travailleurs et non pas être attendu par eux.

19. — L'après-midi d'une femme laborieuse n'est pas moins occupée que la matinée : c'est quand de nouveau tout est propre et remis en ordre, après le dîner, qu'elle s'occupe de l'entretien du linge et

des vêtements, qu'elle répare les objets qui en ont besoin. Elle veille à ce que le bétail ait ses rations distribuées à heure fixe, que les vaches soient traites avant d'aller aux champs : après quoi elle prépare ce qui est nécessaire au souper de la famille.

20. — Après ce dernier repas de la journée, c'est l'heure où la femme chrétienne rappellera au souvenir de ceux qui l'entourent que, s'ils travaillent, ils doivent demander à Dieu de bénir leurs labeurs. C'est à l'heure de la prière en commun que l'on doit voir ces rudes visages brunis par le soleil s'incliner devant le crucifix ou l'image de la Vierge. Les petites mains des enfants se joindront avec ferveur, et de tous ces cœurs s'élèveront vers le ciel des demandes pressantes, ou des cantiques d'action de grâce. Heureuse alors de ce bonheur que donne la satisfaction du devoir accompli, la mère et l'épouse veillera à ce que chacun prenne son repos ; ce repos réparateur et si doux à celui qui travaille sous l'œil de Dieu.

Questionnaire.

18. — Pourquoi la ménagère ne doit-elle pas faire attendre aux travailleurs le repas de midi? En quoi consiste-t-il le plus ordinairement ?

19. — Dites ce que doit être l'après-midi d'une femme laborieuse ?

20. — Que doit faire la femme chrétienne pour terminer la journée et pour que le bon Dieu bénisse sa maison , sa famille ?

Problème.

4. — Combien recevra un fermier qui a livré 2 bœufs à 500 fr. l'un, 4 vaches à 300 fr. et 10 moutons à 30 fr.

Rédaction.

3. — Votre mère vient de mourir. Votre père vous a confié le soin du ménage. Cependant vous avez peur en pensant à la responsabilité qui va vous

incomber. Au lieu de vous décourager, rappelez-vous les bons conseils que votre bonne mère vous donnait quand elle était près de vous : c'est le moment de les mettre en pratique.

5e LEÇON.

La tenue du ménage.

Il n'y a point de profit sans peine.

21. — Si la basse-cour et les étables sont le domaine de la fermière, on peut dire avec raison que le lieu spécial où elle se fait connaître, où l'étranger devine ses qualités, où son mari l'apprécie davantage, c'est dans l'intérieur intime, c'est-à-dire la tenue du ménage.

22. — Le ménage proprement dit, c'est le mobilier de la maison de l'agriculteur, le trésor de la famille; car bien souvent les vieux meubles parlent au cœur et rappellent le souvenir de personnes tendrement aimées. Le mobilier du cultivateur n'est pas riche, en général; mais il paraît beau, quand une main agile a passé l'époussetoir et le chiffon de laine, de toile ou de coton sous lesquels il a relui. La propreté des meubles double leur valeur et souvent leur durée, car rien ne détériore plus les objets que l'absence de soins.

23. — Dans certaines parties de la Bretagne, les fermes n'ont qu'un appartement plus ou moins vaste servant à la fois de cuisine et de chambre à coucher. Cet état de choses rend la tenue du ménage plus difficile, mais aussi plus méritoire.

24. — Quand il y a deux appartements, le mobilier de la chambre doit se composer de lits, armoires, commodes, chaises et tables. Dans la cuisine, se trouvent des bahuts, des bancs, des chaises, le buffet et une table épaisse sur laquelle se prennent les repas. C'est dans la cuisine également que la grande

horloge fait entendre son tic-tac monotone mais éloquent. Là aussi se placent la batterie de cuisine, peu riche en casseroles et rôtissoires, mais bien montée en chaudrons, bassines et marmites de toutes les tailles.

Questionnaire.

21. — Qu'est-ce qui fait apprécier la bonne ménagère?

22. — En quoi consiste la tenue du ménage?

23. — Combien y a-t-il d'appartements, en général, dans les fermes de Bretagne?

24. — Quand il y a deux appartements, en quoi consiste le mobilier de la chambre à coucher? celui de la cuisine?

Problème.

5. — Une fermière nourrit deux douzaines de poules et leur fait consommer 180 litres de sarrasin, à 11 fr. l'hectolitre; 180 litres de criblures, à 1 fr. 32 le décalitre; 180 litres d'orge, à 2 fr. 40 le double-décalitre, et 90 kilos de son, à 105 fr. les 1,000 kilos. Chaque poule lui a donné, en moyenne, 22 douzaines d'œufs, à 0 fr. 50 la douzaine. Quel est son bénéfice?

Exercice manuel.

2. — Faire une couture rabattue.

6e LEÇON.

La tenue du ménage *(suite)*.

Le ciel est le prix de la vertu.

25. — La vaisselle symétriquement arrangée sur le vaisselier se compose de soupières et d'assiettes, en grosse faïence; d'écuelles, verres, brocs à cidre, cuillères et fourchettes d'étain, etc.

26. — Les bassins et chaudrons de cuivre demandent un entretien minutieux, parce que le

cuivre présente un certain danger pour la santé quand on n'a pas le soin d'éviter le vert de gris par un récurage fréquent. Ce nettoyage se fait ordinairement au moyen d'une poudre appelée tripoli dans laquelle on ajoute quelques gouttes de vinaigre, puis pour faire reluire on se sert d'un chiffon de laine avec lequel on frotte énergiquement.

27. — Les marmites et les chaudrons de fonte se récurent avec de la cendre chaude et un bouchon de paille. Ce procédé est bon également pour l'étain, mais il est nécessaire d'en réparer de temps en temps l'usure par un bon étamage.

28. — Les brocs à cidre, les écuelles de terre et les pots à lait demandent à être souvent lavés à l'eau bouillante si on ne veut pas qu'ils prennent une odeur d'aigre nuisible aux aliments, aux boissons qu'on y mettrait.

29. — L'entretien du mobilier, s'il est en noyer ou cerisier, se fait au moyen d'huile à meuble avec laquelle la ménagère le frotte de temps en temps. Cette huile est préférable à l'encaustique qui souvent laisse des taches, la poussière se collant dessus.

30. — Si l'appartement est carrelé, on doit souvent le laver, rien n'étant plus malpropre que des briques ou un dallage tachés; s'il est en terre battue, on doit le balayer fréquemment et réparer les trous où l'eau s'accumule.

Questionnaire.

25. — De quoi se compose la vaisselle?

26. — Les bassins et les chaudrons de cuivre demandent-ils un grand entretien? Comment se fait ce nettoyage?

27. — Avec quoi se récurent les marmites et chaudrons de fonte?

28. — Quels sont les autres ustensiles qui demandent beaucoup d'entretien?

29. — Avec quoi nettoie-t-on les meubles de noyer ou de cerisier?

30. — Est-il bon de laver et de balayer les appartements ?

Problème.

6. — Un cultivateur possède 586 moutons qu'il veut vendre 12,594 fr. Il en vend d'abord 245 à 18 fr. la pièce. Combien doit-il vendre chacun de ceux qui lui restent ?

Rédaction.

4. — Ecrivez à une amie pour lui dire comment vous avez arrangé les meubles de la chambre de vos parents, pourquoi cet arrangement et ce que vous comptez faire pour que tout y reluise de propreté.

7e LEÇON.

La cuisine.

A l'œuvre on reconnait l'artisan.

31. — Quoique la nourriture de l'homme des champs soit ordinairement simple et frugale, nous avons cependant déjà dit qu'elle devait être en même temps nourrissante et bien préparée. Il est donc bon que toutes les jeunes filles aient quelques notions de cuisine, notions très simples, mais aussi fort utiles. Elles feront ainsi une cuisine meilleure et plus économique.

32. — Le principal aliment de l'homme est le pain ; c'est le premier, le plus solide et en même temps le plus sain de tous.

33. — Le pain, on le sait, se compose de farine de froment ou de seigle pétrie avec de l'eau tiède et du levain. Quand la pâte a été fortement travaillée on la laisse au repos, pendant un certain temps, pour la fermentation, puis on la divise en pains que l'on met dans un four très chauffé pour en obtenir la cuisson.

34. — Le meilleur de tous les pains au point de

vue nutritif est le pain vulgairement appelé pain de ménage. S'il est moins blanc, moins beau que son frère le pain à croûte dorée si appétissant à l'œil quand on le voit chez les boulangers, il est cependant plus nourrissant et convient davantage aux cultivateurs qui, dépensant beaucoup de forces, ont besoin de les réparer par une nourriture plutôt solide que délicate.

35. — Le pain de ménage a aussi l'avantage de pouvoir se conserver de 8 à 15 jours, selon la température, sans devenir trop sec. Au bout de ce même laps de temps, le pain de fine fleur ne serait plus mangeable, la digestion en serait difficile ; et si le pain frais ne porte profit dans aucune maison, il serait la ruine d'un ménage rural. Vive donc le bon pain noir !

36. — Le pain est le meilleur des aliments, et cependant seul il ne pourrait suffire à soutenir les forces du corps ; il a besoin d'auxiliaires dans son œuvre et ces auxiliaires sont la viande, les œufs, le poisson, le beurre, la graisse, le miel, le fromage et les légumes.

37. — La viande se mange rôtie, bouillie ou en sauce. Rôtie elle est plus nourrissante ; bouillie, les éléments nutritifs sont dissous dans l'eau par l'ébullition ; mais une excellente manière de la préparer pour le repas de personnes habituées au travail est d'y ajouter une sauce et des légumes. La ménagère y trouve son profit, et l'estomac de ses convives une complète satisfaction.

Questionnaire.

31. — Les jeunes filles doivent-elles apprendre à faire la cuisine ?

32. — Quel est le principal aliment de l'homme ?

33. — Comment fait-on le pain ?

34. — Quel est le meilleur de tous les pains ?

35. — Combien de temps peut-on garder le pain de ménage ?

36. — Le pain seul suffirait-il à soutenir les forces du corps ?

37. — Comment se mange la viande ?

Problème.

7. — Pour faire des confitures, on a employé 98 kil. 1/2 de sucre à 1 fr. 40 le kilog. 107 kilog. 1/4 de groseille à 0 fr. 30 le kilog. et le feu est compté pour 3 fr. 50. On a obtenu 125 kilog. de confitures, à combien revient le kilog. ?

Exercice manuel.

3. — Faire un surjet.

8e LEÇON.

La cuisine *(suite)*.

Le temps est plus précieux que l'or.

38. — Les principales sauces qui sont la base de l'art culinaire sont : la sauce au roux, la sauce blanche.

39. — Pour faire un roux, toute ménagère doit savoir qu'elle doit avant tout faire roussir le beurre auquel on joint un peu de farine que l'on délaye avec la quantité d'eau tiède nécessaire pour obtenir ce que l'on veut de sauce. On laisse le tout bouillir assez longtemps avec la viande ou sans la viande.

Si la viande est crue, il faut avant de la jeter dans cette sauce la faire passer dans le beurre ou la graisse. Avec la sauce au roux on fait le plat si connu sous le nom de ragoût. Il se fait avec de la viande cuite ou crue, à laquelle on ajoute des pommes de terre, oignons, carottes, haricots verts. Mettez-y un peu de lard, le ragoût n'en sera que plus goûté.

40. — La sauce au blanc se fait de la même façon que la sauce au roux, mais avec le beurre non roussi.

41. — Les viandes les plus communes sont celles du bœuf, de la vache, du veau, du mouton et du porc. Les plus délicates sont celles des volailles ou du gibier.

42. — La viande du bœuf et de la vache fait le meilleur bouillon; mais elle est également bonne et plus nourrissante rôtie ou cuite dans une casserole avec des carottes et quelques oignons.

43. — Le haricot de mouton n'est pas autre chose que les déchets de côtelettes dans un ragoût de pommes de terre.

La viande de veau, on peut le dire, se mange à toutes les sauces.

44. — Mais si le pain blanc est coûteux dans un petit ménage, la viande de boucherie ne le serait pas moins dans une ferme et doit être réservée pour les jours de fête; voilà pourquoi une femme d'ordre doit veiller à ce que les charniers ne soient jamais vides de porc et de vache salés.

45. — Le mélange de ces deux espèces de viande fait un bouillon excellent; et qui n'aime pas dans notre pays le lard bouilli avec des choux ou des pommes de terre?

46. — Ce plat est celui qui bien souvent paraît au principal repas. Mais, suivant la saison, les légumes tels que haricots verts et secs, pommes de terre, petits pois, fèves et choux doivent jouer un grand rôle. Ce sont des aliments très sains et très nourrissants, d'un apprêt facile et peu coûteux.

47. — Le mets le plus populaire et le moins coûteux est la galette bretonne, qui se prépare en délayant de la farine de sarrasin dans de l'eau. Toutes les jeunes filles doivent savoir le faire pour aider leur mère dans la préparation du repas; car chaque jour cet aliment paraît sur la table du cultivateur.

48. — Pour faire de la bouillie, il suffit de délayer de la farine de froment dans du lait et de laisser cuire lentement. Les bouillies de blé-noir et d'avoine sont aussi un aliment très sain.

Questionnaire.

38. — Quelles sont les principales sauces ?
39. — Comment se fait le roux ?
40. — La sauce au blanc se fait-elle de la même manière que la sauce au roux ?
41. — Quelles sont les viandes les plus communes?
42. — Avec quoi se fait le meilleur bouillon ?
43. — Qu'est-ce que le haricot de mouton ?
44. — Pourquoi la bonne ménagère doit-elle veiller à ce que les charniers ne soient jamais vides ?
45. — Que fait-on avec la viande fraiche et la viande salée ?
46. — D'autres aliments ne jouent-ils pas un grand rôle ?
47. — Quel est le mets le plus populaire en Bretagne et le moins coûteux ?
48. — Comment se fait la bouillie?

Problème.

8. — Un hectolitre de haricots pèse 76 kilogr. : combien coûteront 36 décalitres à 0 fr. 45 le kilogr.

Exercice manuel.

4. — Mettre une pièce à un morceau de toile.

9e LEÇON.

La cuisine (*Suite*).

L'œil du maître vaut mieux que ses deux mains.

49. — Les conserves sont des aliments auxquels on fait subir une certaine préparation afin d'en prévenir l'altération. Pour conserver les pois, les haricots, les carottes et l'oseille, il faut en détruire le principe fermentescible par la cuisson, et les mettre dans des flacons privés d'air. Il en est ainsi de tous les légumes.

50. — Pour conserver les cornichons, on les pique d'abord avec une épingle, pour les faire jeter de

l'eau: ensuite, on les sale et, le lendemain, après les avoir essuyés, on les met dans un flacon plein de vinaigre que l'on bouche hermétiquement.

51. — Les fruits se conservent dans de l'eau-de-vie ou séchés. Les prunes se mettent une huitaine de jours à tremper dans l'eau avant d'être mises dans l'eau-de-vie avec le sirop.

52. — Cuits avec du sucre, les fruits deviennent ce que nous appelons confitures et se conservent d'une année à l'autre et même davantage. Pour la cerise, la groseille, les coings, les pommes, en un mot toutes les gelées, il faut un poids de sucre égal au poids de fruits. Pour les autres fruits, le poids de sucre doit être la moitié du poids des fruits.

53. — Les viandes se conservent dans le sel; les œufs dans l'eau de chaux, et le beurre, fortement salé, dans des barils ou des pots de grès, quelquefois aussi fondu au bain-marie.

54. — Les poissons se préparent le plus simplement en les fricassant dans du beurre roux. La sardine et le hareng se mangent surtout grillés et, ce dernier, avec une sauce au vinaigre dans laquelle on a haché des oignons, de la cressonnette, etc. Ces aliments sont utiles pour les jours maigres, ainsi que les œufs durs, ou mous, ou en omelette.

55. — On doit se rappeler qu'il est défendu par l'Église de faire usage d'œufs le Vendredi-Saint.

56. — Les principales salades sont la laitue, la mâche et, la plus commune, le pissenlit, qui se trouve dans tous les champs.

En gardant leurs troupeaux, les enfants devraient en cueillir; ce serait un appoint très sain et peu coûteux qu'ils apporteraient au repas.

Toutes les salades se préparent avec un mélange de vinaigre, d'huile, de poivre et de sel.

57. — Le vin, s'il est mal bouché, devient facilement vinaigre. Le cidre peut se garder plusieurs années, quand il est bien fait avec des pommes douces. La piquette, le poiré, toutes ces boissons

économiques ne se gardent pas, elles doivent être consommées le plus vite possible.

Questionnaire.

49. — Qu'est-ce que les conserves? Que fait-on pour les conserver?
50. — Quelle est la manière d'arranger les cornichons?
51. — Les fruits mis dans l'eau-de-vie se conservent-ils?
52. — Comment fait-on la confiture? Quelle quantité de sucre faut-il pour les gelées?
53. — Dans quoi se conservent les viandes, les œufs, le beurre?
54. — Comment se préparent le plus simplement les poissons?
55. — Quel aliment l'Eglise interdit-elle de manger le jour du Vendredi-Saint?
56. — Quelle est la salade la plus commune? Dites la façon générale de préparer une salade.
57. — Nommez quelques boissons.

Problème.

9. — Pour faire une couverture de coton, il faut 7 carrés dans le sens de la longueur et 6 dans le sens de la largeur. Combien vaut une couverture faite par une jeune fille qui met 4 heures 35 minutes pour façonner un carré? Elle emploie 22 hectogr. de coton, à 3 fr. 50 le kilo; les bordures lui reviennent à 2 fr. 75, et elle compte l'heure de travail pour 0 fr. 20.

Rédaction.

5. — Dites combien vous êtes heureuse d'avoir 17 ans, car votre mère va vous apprendre à faire la cuisine. Dites votre joie à la pensée de servir désormais les travailleurs de la ferme et vos projets pour les bien traiter.

10e LEÇON.

La lingerie.

Ce qui ne vaut rien coûte toujours trop cher.

58. — Dans la maison somptueuse, dans la ferme, sous le toit le plus humble, partout, le linge est une des choses les plus importantes du ménage, et son entretien est le partage des jeunes filles qui apprennent ainsi à laver, raccommoder et repasser.

59. — Le blanchissage du linge consiste à le dépouiller des matières étrangères dont l'usage l'a souillé : c'est ce que l'on appelle vulgairement la lessive. Le linge doit être préalablement échangé, c'est-à-dire bien savonné et frotté avant d'être encuvé. Dans le fond de la cuve on doit avoir le soin de mettre le gros linge, tels que les draps, etc., le menu linge se met toujours au-dessus. Le coulage dépend de la quantité de pièces, mais pour une grande cuve, il faut au moins 12 heures. Le lendemain dès le matin on doit tout sortir de la cuve et laver à grande eau. Ce second lavage demande moins de savon que le premier. Ensuite on passe au bleu ou l'on met à sécher.

60. — Quand le linge est sec, on le ramasse soigneusement, ayant soin de ne pas le laisser trainer ; puis on sépare les pièces à raccommoder de celles qui ne le sont pas, et ces dernières, bien pliées, sont symétriquement rangées dans la grande armoire de famille.

61. — Les vêtements ne se lavent pas ordinairement, ils se nettoient ou se dégraissent au moyen de savon noir passé à sec sur la tache et frotté ensuite avec une brosse. On se sert encore de benzine et de térébentine, mais le meilleur nettoyage est de faire teindre les vêtements trop malpropres.

62. — Le raccommodage comprend deux choses, la reprise et les pièces. Mettre une pièce c'est poser un morceau de toile, de coton, de drap sur l'endroit trop mauvais pour être reprisé. On pose le morceau dans le sens du fil droit, puis après l'avoir fixé on le coud tout autour et l'on achève l'ouvrage par une couture rabattue.

63. — La reprise est pour les petites déchirures faites au linge ou aux vêtements : elle se fait avec du coton, de la soie ou de la laine suivant le tissu de la pièce à raccommoder. Bien repriser est un talent, et un talent assez rare. Pour qu'une reprise soit bien faite, les fils doivent être jetés régulièrement, puis on les prend de deux fils en deux fils, passant l'aiguille tantôt en dessus tantôt en dessous, en contrariant.

Questionnaire.

58. — Le linge est-il une chose importante dans le ménage ?

59. — En quoi consiste le blanchissage ? Dites comment se fait une lessive ?

60. — Quand le linge est sec, qu'en fait-on ?

61. — Comment se nettoient les vêtements ?

62. — Que comprend le raccommodage ? Comment fait-on pour mettre une pièce ?

63. — Qu'est-ce que la reprise ? Comment fait-on une reprise ?

Problème.

10. — Il a fallu à une couturière 13m 25c d'étoffe ayant 0m 55c de largeur pour confectionner une robe : combien eût-il fallu de mètres si l'étoffe avait eu 0m 80c de largeur ?

Rédaction.

6. — Ecrivez à une amie, qui ne veut pas aider sa mère, pour lui reprocher doucement son ingratitude envers celle qui a toujours été si bonne pour elle.

11e LEÇON.

La lingerie (*suite*).

Le défaut de soin fait plus de tort que le défaut de savoir.

64. — La couture est l'ouvrage le plus utile, le plus nécessaire à la femme. Il lui est aussi d'une grande économie dans son ménage et, pour la jeune fille, d'un grand secours contre les dangers de l'imagination.

65. — Tout le monde connait les objets nécessaires à la couture. Le dé, les ciseaux, l'aiguille et le fil, la soie, la laine, le coton. On distingue quatre sortes de points dans la couture : le point de devant ou point coulé, le point arrière, le point chainette et le point de marque; ces deux derniers sont employés surtout comme points d'ornements.

66. — Le tricot est le premier et le dernier ouvrage de la femme. Qui n'a vu en effet l'application soutenue de ces fillettes dont les petites mains tiennent bien serrées deux longues aiguilles au moyen desquelles elles s'étudient à faire un ruban ou espèce de tissu en laine appelé jarretière et destiné à tenir les bas. Et qui leur apprend le tricot, à ces fillettes, si ce n'est l'aïeule aux cheveux blancs dont les yeux affaiblis se refusent à tout ouvrage de couture? Cette bonne vieille montre aussi à la petite fille comment diriger un bas, pour en entretenir ensuite les membres de la famille.

67. — Le tricot n'a guère de théorie, il s'apprend par la pratique. On connait deux sortes de mailles : la maille droite et la maille à l'envers. L'augmentation se fait en tricotant deux mailles dans une et les diminutions en tricotant deux mailles ensemble.

68. — Laver, racommoder, coudre, tricoter sont des choses fort utiles à apprendre; nous dirons plus, elles sont nécessaires à la femme. Quelle est

la jeune fille assez insouciante, assez paresseuse pour refuser d'apprendre à travailler? Qu'elle est à plaindre celle qui agirait de la sorte, car elle se prépare un avenir bien triste et bien coupable! Elle ne peut se douter des conséquences qu'amènera plus tard sa manière d'agir, si elle ne prend sur elle de vaincre sa paresse. Heureuse au contraire toute jeune fille ou jeune femme qui, devant des vêtements ou du linge bien rangés dans les armoires, peut se dire en les fermant : « Tout est en ordre; ceux que j'aime ne manqueront de rien. »

Questionnaire.

64. — La couture est-elle utile à la femme?

65. — Nommez les objets nécessaires à la couture? Combien distingue-t-on de sortes de points? Nommez-les?

66. — Qu'est-ce que le tricot? Dites ce que vous en savez?

67. — Le tricot a-t-il une théorie? Combien distingue-t-on de sortes de mailles? Comment se font les augmentations et les diminutions?

68. — Dites la différence qui existe entre la jeune fille paresseuse et celle qui travaille?

Problème.

11. — Un homme consomme par jour 0 fr. 16 centimes de tabac et 0 fr. 15 centimes d'eau-de-vie. Avec l'argent qu'il dépense ainsi annuellement combien aurait-il de vin à 30 fr. l'hectolitre?

Rédaction.

7. — Marie travaille à la ferme de toutes ses forces, elle aide sa mère à tout et se fait aimer de tous. Jeanne sa voisine est au contraire la plus paresseuse qui puisse exister, faites-en la différence?

12e LEÇON.

La basse-cour.

En toute chose il faut considérer la fin.

69. — La basse-cour est, on peut le dire, le trésor de la fermière, c'est sur ses produits qu'elle peut, avec de l'ordre, entretenir en partie ses enfants ou se procurer les différents objets pour lesquels on n'ose pas toujours prendre sur le grand trésor, fruit des épargnes et paiement du fermage.

70. — Une basse-cour bien tenue est d'un grand secours, mais pour cela, comme en tout, s'il faut des soins, il les faut intelligents.

71. — Par les animaux de la basse-cour on entend ici principalement la volaille, comme la poule, le canard, l'oie, le dindon, la pintade, le pigeon, etc. Tout ce petit peuple ailé se nourrit des débris de grains et de légumes qui ne sont pas rares dans une ferme.

72. — La *poule* peut être considérée comme la première et la plus utile de ces animaux; c'est l'oiseau domestique qui nous donne l'œuf le plus apprécié. Elle se nourrit de grains, de légumes cuits ou crus.

73. — La poule est mieux en liberté que renfermée, car un espace étroit et humide comme on en voit quelquefois, offre un terrain propre au développement des maladies contagieuses qui déciment rapidement tout le poulailler; elle aime glaner l'insecte et les grains qu'elle trouve : l'herbe même lui est nécessaire.

74. — La poule est une si bonne mère, que l'on compare souvent l'amour maternel à la tendresse et à la sollicitude d'une poule pour ses poussins. Elle pond pendant huit mois, et c'est au printemps que le plus souvent elle demande à couver ; l'incubation dure 21 jours.

75. — Quand les poussins sont éclos on ne leur donne rien à manger le premier jour. Le second on peut leur donner un peu de mie de pain trempée dans du lait et mélangée d'œufs durs. Au bout d'une douzaine de jours, le poussin peut manger le grain qu'on a laissé tremper dans un peu d'eau tiède.

76. — Le poulailler demande une grande propreté. Il doit être suffisamment aéré pour que la volaille ne souffre pas trop de la chaleur. Cependant, à l'hiver, il est bon que le poulailler soit à une bonne température pour activer la ponte. Le perchoir doit être disposé de façon à ce que la poule puisse y atteindre sans efforts. Les poules aiment à se rouler dans la poussière pour se débarrasser des insectes qu'elles ont à la peau; aussi est-il bon de mettre dans le poulailler une boite contenant de la cendre, la cendre étant plus propre que la poussière.

77. — La poule est sujette à une maladie connue sous le nom de *pépie*. Cette maladie provient le plus souvent d'aphtes sur la muqueuse de l'œsophage; un petit grumeau d'aloès, enveloppé dans un peu de beurre ou de graisse que l'on fait avaler à la poule, la purge et suffit pour obtenir la guérison.

78. — Pour bien engraisser une volaille qui ait un poids et une blancheur éclatante, il faut faire pendant les 15 jours d'engraissement, la pâtée avec de la farine et des graines de l'année précédente et avec de l'eau salée.

79. — Il importe surtout, pour empêcher la décomposition rapide des volailles tuées et permettre un long transport, de ne point leur donner à manger au moins 12 heures avant de les saigner; de cette façon, le jabot et les intestins étant vides de nourriture, elles se conservent plus facilement.

Questionnaire.

69. — Quel est le trésor de la fermière?

70. — Une basse-cour bien soignée est-elle d'un

grand secours ? Quels soins faut-il donner à la basse-cour ?

71. — Nommez les principaux animaux de la basse-cour ? De quoi se nourrit ce petit peuple ?

72. — Quel est le premier et le plus utile de ces animaux ? De quoi se nourrit-il ?

73. — Quels sont les goûts de la poule ?

74. — La poule est-elle une bonne mère ? Combien de temps dure la ponte ?

75. — Quelle nourriture donne-t-on aux poussins ?

76. — Quel soins demande le poulailler ?

77. — Quelle est la maladie de la poule la plus fréquente et quel est le meilleur remède contre la *pepie* ?

78. — Que fait-on pour bien engraisser la volaille ?

79. — Quel est le moyen de conserver la volaille tuée ?

Problème.

12. — On a payé 6 fr. pour 25 centiares de pré : Quel est le prix de l'are et de l'hectare ?

Exercice manuel.

5. — Repriser un bas.

13e LEÇON.

—

La basse-cour (*Suite*).

On perd souvent plus dans un jour par négligence qu'on ne gagne dans une semaine par le travail.

80. — Il y a plusieurs races de poules ; les plus estimées sont : les poules de *Houdan*, de *La Flèche*, de *Cochinchine* et la *poule commune* de notre pays.

81. — La *poule de Houdan* a, le plus souvent, le plumage noir tacheté de blanc et la tête ornée d'une huppe et d'une crête non divisée en cornes ; elle est très estimée comme pondeuse.

La *poule de La Flèche* offre une crête divisée en

deux cornes, sans huppe et son plumage est noir. Elle est plus tardive, les œufs sont plus gros mais moins abondants; les poulets n'arrivent à leur perfection que vers la fin de l'hiver; alors, ils sont très recherchés.

82. — La *poule de Cochinchine* est de très forte taille, à ailes courtes à peine capable de vol, à jambes torses et emplumées. Elle est mauvaise couveuse et, souvent, abandonne sa couvée avant l'éclosion des œufs; elle convient pour l'engraissement.

83. — La *poule commune* noire du pays est bonne pondeuse et bonne couveuse, et, si les œufs sont généralement petits, la chair du poulet est blanche et délicate.

84. — Le *canard* aime à barboter dans les mares, les ruisseaux; il est très vorace et se nourrit d'aliments quelquefois répugnants; il y en a un très grand nombre de variétés, la plus grosse est celle de Rouen.

85. — L'*oie* est élevée pour la plume et le duvet, qui sont employés dans la literie, et aussi pour sa chair et sa graisse; l'oie de Toulouse, bien engraissée, peut arriver au poids de 8 à 10 kilogrammes. L'oie va paître dans les champs, surtout après la récolte des céréales, où elle trouve des grains et des épis tombés à terre; mais ses déjections communiquent un mauvais goût au beurre, si les vaches laitières sont mises au pâturage dans les mêmes parcelles.

86. — L'élevage du *dindon* présente plus de difficultés et plus de soins, surtout à l'époque où la crête, ou appendice rouge qu'il porte à la tête, se développe.

La *pintade* ne veut pas être enfermée la nuit; elle préfère se percher sur les arbres qui entourent les bâtiments de la ferme où, dès l'aurore, elle fait entendre des cris aigus et discordants.

87. — Le *lapin* domestique s'élève facilement dans des cabanes appelées clapiers. Il ne faut pas que le clapier soit humide et il importe de ne pas distri-

buer à la fois trop d'aliments aux lapins, car ils les saliraient. Leur chair prend facilement l'odeur des aliments; aussi ne doit-on pas leur donner de choux. C'est une occupation agréable pour les enfants d'aller cueillir pendant l'été dans les champs des herbes pour la nourriture des lapins. En hiver on les nourrit de betteraves, de carottes, de son, de grain et de foin.

Questionnaire.

80. — Quelles sont les principales races de poules?

81. — Dites la différence qui existe entre la poule de Houdan et la poule de La Flèche?

82. — La poule cochinchinoise est-elle volumineuse? Est-elle bonne pondeuse?

83. — Dites ce que vous savez sur la poule commune?

84. — Quelle est la plus grosse variété de canard?

85. — Quels produits retire-t-on de l'oie?

86. — L'élevage du dindon est-il facile?

87. — Dites ce que vous savez sur le lapin?

Problème.

13. — Une fermière a vendu 12 paires de poulets et elle a reçu 54 fr. 1° Quel est le prix de la paire? 2° Quel est le prix d'un poulet? 3° On lui offrait 3 fr. de chacun des 12 plus gros poulets et 1 fr. 50 de chacun des autres. A-t-elle gagné à ne pas accepter cette proposition?

Rédaction.

8. — Votre mère vous a donné le soin du poulailler. Qu'allez-vous faire?

14e LEÇON.

Les animaux domestiques.

> Celui qui est cruel envers les animaux
> l'est aussi envers ses semblables.

88. — Dieu, en créant l'homme, l'a fait roi de la création, et si son intelligence n'est plus ce qu'elle

était avant le péché, il est cependant toujours l'être raisonnable dominant l'animal qui n'a que son instinct, et régnant en maître sur tout ce qui l'environne.

89. — Il doit donc utiliser pour son utilité ou son agrément, tout ce que Dieu a créé ; les animaux, les plantes et les choses de la création. Mais comme depuis la faute d'Adam tous les animaux ne lui sont pas soumis, l'on donne le nom d'animaux domestiques à ceux qu'il a domptés et associés à son travail.

90. — Parmi ces animaux, nous mettons au premier rang la *vache* qui nous donne son lait, le *mouton* qui nous donne sa laine, le *bœuf* sa chair et son travail, le *cheval* si utilisé pour la course, les travaux des champs et les transports. Enfin le *porc,* cet animal si différent des précédents par ses habitudes, nous fournit par sa chair une nourriture excellente et abondante.

91. — C'est sur les côtes de la Manche que se trouvent les races bovines fournissant les meilleures vaches laitières. Telles sont : la *race Hollandaise,* qui a la robe noire avec de grandes taches blanches ; la *race Bretonne,* qui lui ressemble, sauf qu'elle est plus petite ; la *race Flamande,* qui a le poil rouge et est très forte ; la *race Normande* ou cotentine, dont la robe est marbrée.

92. — La *race Jersyaise* est considérée comme une des meilleures entre toutes pour les qualités beurrières. Cette race conservée pure avec le plus grand soin dans l'île de Jersey, a une réputation bien méritée et se vend souvent à des prix très élevés. Enfin il y a aussi la *race Suisse de Schiwtcz,* très bonne laitière et de grande taille.

On reconnaît les bonnes vaches laitières à ce qu'elles ont la peau fine, les mamelles volumineuses, les veines mammaires et l'écusson bien développés.

93. — Il est important de ne point choisir les mêmes races pour les terrains pauvres et pour les

terrains riches. Ainsi la petite *race bretonne* convient bien aux terrains pauvres ; contrairement aux *races durham, normandes, hollandaises, suisses, etc.,* qui ne conviennent qu'aux terrains riches.

94. — L'herbe des bonnes pâtures, la luzerne, le trèfle, la vesce, la carotte, le rutabaga, les choux, surtout le maïs, les tourteaux, sont les principaux aliments pour la vache laitière.

Le *mouton* se nourrit au pâturage pendant l'été, et de fourrages secs en hiver.

95. — Le *cheval* aime une nourriture appropriée aux travaux qu'il fait ; le cheval de ferme consomme des fourrages verts, des fourrages secs, des grains, et des ajoncs broyés ; les fourrages verts ne conviennent pas pour le cheval de course et de transport, les grains et un peu de fourrages secs sont préférables, on ne doit jamais supprimer l'avoine excepté pendant certaines maladies.

96. — Le *porc* se nourrit de tous les débris qui souvent ne pourraient être utilisés pour l'alimentation des autres animaux ; mais il ne consomme pas de fourrages secs. Les pommes de terre, les issues provenant de la farine et de la mouture, les déchets des mauvais grains sont employés pour achever son engraissement.

97. — Si le prix des grains et surtout du blé a beaucoup diminué depuis 50 ans, il n'en est pas ainsi des animaux, ni de leurs produits tels que la viande, le beurre et les œufs.

97 *bis.* — Aussi l'intérêt du cultivateur est-il aujourd'hui d'élever beaucoup de bétail et de le bien soigner : en agissant ainsi, il aura double bénéfice puisque en plus des produits il a encore le fumier qui est nécessaire pour engraisser le sol, et obtenir de bonnes récoltes.

Questionnaire.

88. — L'homme est-il toujours le roi de la création ?

89. — Sait-il toujours utiliser tout ce qui l'environne? Qu'appelle-t-on animaux domestiques?

90. — Quels sont les animaux domestiques les plus utiles?

91. — Quelles sont les principales races bovines laitières?

92. — Parlez de la race Jersyaise?

93. — Les mêmes races conviennent-elles aux terrains pauvres et aux terrains riches?

94. — Comment nourrit-on la vache laitière et le mouton?

95. — Quel est le régime du cheval?

96. — Comment se nourrit le porc?

97. — Si le prix du blé a diminué en est-il ainsi de celui des animaux?

97 *bis*. — Quel est l'intérêt du cultivateur?

Problème.

14. — Un marchand de bestiaux a fourni à un fermier deux vaches pour 450 fr., il les garde 6 mois pendant lesquels elles lui ont donné chacune 1,456 litres de lait qu'il a vendu 0 fr. 15 centimes le litre. Combien chaque vache lui a-t-elle rapporté?

Rédaction.

9. — Dites ce que vous fait penser cette puissance de l'homme sur l'animal?

15e LEÇON.

L'alimentation du bétail.

Le travail a des racines am ères
mais des fruits bien doux.

98. — La grande nécessité dans une ferme est d'avoir de bons animaux domestiques et, pour en arriver là, il faut absolument se procurer de bons reproducteurs et une nourriture riche et abondante.

99. — Pour tout reproducteur, on doit toujours faire choix des meilleurs et des plus belles races. Ainsi, par exemple, la plus sûre garantie qu'une vache sera bonne laitière, c'est d'être certain que la mère et le père proviennent d'une race également bien confirmée.

100. — Avoir un bel animal n'est pas tout, cependant : il faut le bien soigner, ne pas le laisser dépérir et, dans ce but, savoir lui donner la nourriture convenable et en temps voulu.

101. — La nourriture du bétail doit être copieuse, bonne et donnée par rations régulières dans l'espace de vingt-quatre heures. Sa nourriture a deux buts : réparer les pertes auxquelles est sujet le corps de l'animal, et l'autre de le mettre à même de nous fournir les produits que nous en attendons, tels que le lait, la viande, la graisse et le travail.

De ce principe, il résulte conséquemment que l'alimentation du bétail se compose de la ration d'entretien et de la ration de production.

102. — Parmi les aliments, tous ne sont pas de la même qualité ni, par conséquent, n'atteindraient pas le même but si l'on n'avait soin de les mélanger.

103. — L'aliment ordinaire est le fourrage vert, le foin, le maïs, la paille, les racines, les pulpes, les tourteaux; mais ces aliments ne peuvent être mis en comparaison avec les grains, qui sont plus riches en matières nutritives;

104. — Voilà pourquoi il est nécessaire de mélanger, dans une bonne proportion, l'aliment médiocre avec le plus riche. Agir ainsi, c'est garantir le résultat des produits plus nombreux et des animaux se portant bien.

104 *bis*. — Le jeune veau doit toujours boire le premier lait. C'est une détestable habitude de l'en empêcher le jour de sa naissance. On commence à le sevrer graduellement vers la fin du deuxième mois en lui donnant des farines et on l'habitue lentement à manger de l'herbe.

105. — A l'approche du printemps, les aliments verts sont nécessaires aux animaux. Pour la vache laitière, ils sont préférables en tout temps. Il est nécessaire que les animaux soient logés aussi bien et aussi proprement que possible. Il est très mauvais de les surmener.

106. — Il ne faut pas oublier que la même ration ne doit pas être également distribuée à tous les animaux; elle doit être donnée suivant le volume et le besoin de chaque animal.

106 *bis*. — Selon les saisons, les animaux sont sortis tous les jours, pendant un temps plus ou moins long. Les chevaux ne doivent jamais rester à l'écurie plusieurs jours sans sortir. S'il n'y a point de travail pour les occuper, on les promène chaque jour pendant une heure.

Questionnaire.

98. — Quelle est la plus grande nécessité dans une ferme?

99. — Que doit-on faire pour avoir de bons reproducteurs?

100. — Est-ce tout d'avoir de bons animaux? Que faut-il leur faire?

101. — Comment doit être la nourriture que l'on donne aux bestiaux?

102. — Tous les aliments sont-ils de la même qualité?

103. — Quel est l'aliment ordinaire, l'aliment riche, l'aliment pauvre?

104. — Que doit-on faire pour obtenir de bons résultats?

104 *bis*. — Comment nourrit-on le veau.

105. — L'aliment vert est-il bon?

106. — Doit-on donner la même ration à tous les animaux?

106 *bis*. — Les animaux doivent-ils sortir chaque jour?

Problème.

15. — Un propriétaire a un champ de 3 hectares 80 ares, planté en pommiers, dont la récolte est destinée à faire du cidre. On sait : 1° Qu'il y a 75 pommiers plantés par hectare ; 2° qu'un pommier donne en moyenne 3 hectolitres 1/2 de pommes ; 3° Qu'un hectolitre de pommes produit 40 litres de cidre. D'après ces évaluations, combien ce propriétaire doit-il récolter de cidre annuellement ?

Rédaction.

10. — Racontez de quelle façon votre mère soigne les animaux de la ferme.

16e LEÇON.

La laiterie et ses produits.

L'homme ne peut rien sans le secours de Dieu.

107. — La laiterie est, comme l'intérieur de la maison, le vrai domaine de la ménagère ; c'est là qu'elle doit aussi apporter tous ses soins. En Bretagne surtout, où le beurre est un grand rapport, on doit habituer les jeunes filles à donner au lait les soins qu'il réclame et à tenir l'appartement où on le met dans la plus grande propreté.

108. — On donne à cet appartement le nom de laiterie, et aux différents apprêts que l'on fait subir au lait, le nom de laitage. Du lait on peut retirer la crème, le beurre et le fromage.

109. — Il est regrettable que toutes les fermes n'aient pas une laiterie bien conditionnée, car le lait qui demande beaucoup de soins se trouve mieux dans un appartement cimenté, exposé de préférence au Nord et bien aéré. La laiterie doit être lavée fréquemment, ainsi que les tables ou tablettes disposées autour pour supporter les pots à lait ; pour empêcher les insectes de pénétrer, il est bon de

mettre aux fenêtres un grillage en toile métallique. La laiterie doit être bien aérée, éloignée des étables et des fumiers dont les émanations nuisent à la qualité du beurre; aucune substance ne contracte aussi rapidement mauvais goût que la crême.

110. — Beaucoup de personnes pourraient croire les caves propices au lait à cause de leur fraicheur; elles se trompent, car les caves sont en général trop humides pour le lait, qui, s'il veut un appartement frais, le veut aussi très sec.

111. — Le commerce de lait se fait en *beurre*, en *fromage* ou en *détail*. Il est beaucoup plus avantageux de vendre le lait que de faire du beurre, mais pour cela il faut que la ferme soit auprès d'une ville ou d'un gros village.

112. — Pour vendre le lait au détail, on se sert de bidons en fer blanc ayant la contenance d'un double litre, du litre, du demi-litre, etc.

113. — Le lait doux étant susceptible de se dénaturer par la trépidation, ne peut être transporté dans un lieu éloigné de la laiterie, sans avoir été bouilli, mais alors il ne peut être employé ensuite à la fabrication du beurre.

114. — Ce *beurre* se fait avec la crême du lait, mais on peut cependant baratter tout le lait avec la crême.

115. — A l'aide des écrémeuses, on peut séparer la crême du lait aussitôt après la traite des vaches; ce qui permet de ne baratter que la crême et de donner du lait encore doux aux veaux; et produit une notable économie. Ce résultat s'obtient également à l'aide du bidon Couwley que l'on plonge pendant 12 heures dans l'eau courante ou de l'eau très fraîche venant d'un puits ou d'une fontaine. Après 12 heures on retire le bidon, on fait écouler le lait doux; il ne reste que la crême pour faire le beurre. Le beurre se fait alors en peu de temps et est très facile à délaiter.

116. — Les barattes les plus simples sont les

meilleures, le système Chapelier d'Ernée est très recommandé. 4 litres de crème provenant de 24 à 28 litres de lait fournissent habituellement un kilogramme de beurre.

117. — On fabrique aussi avec le lait une grande variété de *fromages* : il y a le fromage de Roquefort, le fromage de Gruyère, de Hollande, etc. qui forment les fromages gras, demi-gras, ou maigre, suivant qu'on a retiré au lait une quantité de crème plus ou moins grande.

Questionnaire.

107. — De qui la laiterie est-elle le domaine? A quoi doit-on habituer les jeunes filles?

108. — Quel nom donne-t-on aux différents apprêts que l'on fait subir au lait?

109. — Comment doit être tenue une laiterie? A quel point cardinal doit-elle être exposée? Dites s'il faut la laver souvent?

110. — Les caves sont-elles des endroits propices pour le lait? Pourquoi non?

111. — Comment se fait le commerce de lait? Dans quel cas est-il avantageux de le vendre au détail?

112. — De quoi se sert-on pour vendre le lait au détail?

113. — Le lait doux supporte-t-il le transport? Que doit-on faire avant de le faire voyager?

114. — Avec quoi se fait le beurre? Doit-on ne baratter que la crème ou peut-on baratter tout le lait?

115. — Comment sépare-t-on la crème du lait?

116. — Quel est le meilleur système de barattes?

117. — Que fait-on encore avec le lait? Nommez les différents fromages?

Problème.

16. — Un fermier a récolté 945 hectolitres de blé; il veut les mettre dans des sacs contenant chacun 5 doubles-décalitres 8 litres. Combien lui faudra-t-il de sacs?

Rédaction.

11. — Dites l'intérêt que vous avez eu dans une promenade à voir une fermière baratter et préparer son beurre?

17e LEÇON.

Notions d'hygiène.

La sobriété est la mère de la santé.

118. — On appelle hygiène l'art de conserver la santé.

119. — Il est nécessaire d'aérer les appartements si l'on veut en chasser l'humidité et l'air vicié par la respiration, et le renouveler par un air plus pur.

Il n'est pas rare de voir certaines personnes refuser d'ouvrir pendant quelques instants les fenêtres quand il fait froid, sous prétexte de chasser la chaleur de l'appartement. C'est un préjugé : car moins on ouvre, plus la température devient humide, et par conséquent malsaine.

120. — La qualité de la nourriture, des vêtements est aussi comprise dans l'hygiène, voilà pourquoi le cultivateur doit prendre cette nourriture en quantité suffisante et éviter de quitter trop vite ses vêtements d'hiver, le printemps étant pour lui un moment de danger.

121. — C'est au printemps que le laboureur est souvent dehors, les travaux des champs devenant plus nombreux ; mais aussi à cette époque, les jours de pluies ne sont pas rares et l'humidité des terres occasionne souvent des fièvres ou d'autres maladies.

Au moment des pénibles travaux de la fenaison ou de la moisson, souvent il se débarrasse de quelques vêtements qui gênent ses mouvements, mais aussitôt le travail achevé, il doit les reprendre s'il veut éviter un refroidissement. Les chemises de laine ou de flanelle lui sont très utiles ; il doit éviter les boissons froides quand il est en sueur.

121 *bis*. — Il ne faut pas employer comme boisson, tant pour l'homme que pour l'animal, des eaux contaminées par le voisinage des fumiers ou des fosses d'aisances ; car il est constaté que ces eaux sont la cause de certaines maladies.

122. — A vous, jeunes filles, qui êtes appelées de bonne heure à soigner de tout petits enfants et à devenir plus tard mères de famille, de veiller à ce que l'enfant que vous tenez dans vos bras soit tenu très proprement. Ce n'est qu'à force de soins vigilants, intelligents, que ces petits êtres grandissent et se développent. Les bains de temps en temps sont nécessaires à sa santé. Il faut éviter de serrer l'enfant dans ses langes ; surtout laissez-lui les bras libres et renouvelez ses vêtements sitôt qu'ils sont mouillés.

122 *bis*. — S'il est nourri au biberon, le caoutchouc doit être d'une rigoureuse propreté. Ne lui donnez que du lait frais, coupé d'eau d'orge ou naturelle, légèrement sucrée.

Questionnaire.

118. — Qu'appelle-t-on hygiène ?

119. — Est-il nécessaire d'aérer les appartements ? Dites pourquoi ?

120. — La qualité de la nourriture et des vêtements est-elle comprise dans l'hygiène ? Parlez de ce qui est bon ou mauvais pour le cultivateur ?

121. — Quels dangers le printemps présente-t-il au laboureur ? Que doit-il faire ?

121 *bis*. — Peut-on se servir des eaux chargées de matières étrangères ? Pourquoi ?

122. — A quoi doivent veiller les jeunes filles chargées de tout petits enfants ?

122 *bis*. — Si l'enfant est nourri au biberon, que doit-on faire ?

Problème.

17. — Les betteraves produisent par hectare

40,000 kilog. de racines et 10,000 kilog. de feuilles; quelle est la valeur de cette récolte si les racines sont 4 fois plus nourrissantes que le foin sec estimé à 7 fr. 15 le quintal, et si les feuilles n'ont, à poids égal, que la moitié de la valeur des racines?

Exercice manuel.

6. — Tricoter une jarretière ou un bas.

18e LEÇON.

Notions d'hygiène (*Suite*).

La paresse rend tout difficile.

123. — Les repas de l'enfant doivent être aussi réguliers que possible. Il est déplorable de voir donner à manger, à toutes les heures, à ces petits êtres dont on fatigue ainsi l'estomac par une ingestion trop fréquente des aliments. La première nourriture est le lait, et peu à peu, au bout de quelques mois, on ajoute d'autres aliments. La soupe, par exemple, ou la bouillie bien cuites sont saines aux bébés.

124. — La position du berceau n'est pas indifférente non plus; il doit toujours être placé de façon que l'enfant n'ait pas à tourner les yeux pour voir le grand jour, ce qui l'exposerait à loucher.

125. — L'air doit circuler librement tout autour, et il est nécessaire d'exposer la literie au feu ou à l'air quand elle est humide ou mouillée. L'enfant, dans son berceau, doit être couché de côté afin que sa respiration soit moins gênée; ne pas prendre cette précaution, c'est s'exposer à le faire étouffer.

126. — A ces quelques lignes, nous ajouterons un conseil : celui de ne pas habituer les enfants un peu plus grands à boire entre les repas. Il est déplorable de voir l'abus des boissons, en Bretagne; de l'alcool, surtout. Et pourtant, hélas! le vice si hon-

teux de l'ivrognerie est la ruine des ménages. La femme est encore plus coupable que l'homme quand elle s'y adonne; car, tenant la maison, elle a mille moyens de détourner le prix des menues denrées; et, alors, la plus affreuse misère vient régner dans la maison.

ACCIDENTS.

127. — Au moment de la fenaison, de la moisson, à peu près en tout temps, il n'est pas rare de voir arriver des accidents à la ferme. Aussi, il est bon que la femme sache donner les premiers soins au blessé en attendant le médecin.

128. — Si la plaie devant laquelle elle se trouve perd beaucoup de sang, elle doit la comprimer avec de la ouate ou de la charpie imprégnée de perchlorure de fer. Pour une plaie simple, lavez à grande eau et faites des applications de compresses imbibées d'eau-de-vie coupée d'eau.

Sur une brûlure appliquez du lait baratté ou du blanc d'œuf battu.

129. — En cas d'attaque d'apoplexie, l'eau froide et les sinapismes doivent être employés. Pour la diarrhée, l'eau de riz et le sirop de coing sont d'excellents moyens pour la combattre.

130. — La femme doit être comme un ange gardien auprès des malades; à elle d'avoir pour eux ces mille et une attentions que son cœur lui dicte plus encore que le devoir et l'intelligence, et auxquelles ceux qui lui sont confiés doivent, autant qu'aux remèdes, le recouvrement de la santé.

Questionnaire.

123. — Les repas de l'enfant doivent-ils être réguliers? Pourquoi? Et doit-on leur donner autre chose que du lait au bout de quelques mois?

124. — Quelle doit être la position du berceau? Pourquoi? L'air doit-il circuler librement autour? Que doit-on faire à la literie?

125. — Comment l'enfant doit-il être posé dans son berceau?

126. — Doit-on habituer les enfants à boire entre les repas?

127. — A quel moment les accidents sont-ils plus fréquents à la ferme?

128. — Que doit-on faire en présence d'une plaie dont le sang coule avec abondance et dans le cas d'une plaie simple?

129. — Quels remèdes employer pour les attaques d'apoplexie et pour la diarrhée en attendant le médecin?

130. — Que doit être la femme auprès des malades?

Problème.

18. — Un ouvrier dépense 2 fr. 25 par jour pour tous ses frais de maison. Au bout d'un an, après avoir travaillé 25 jours par mois et payé ses dépenses avec son salaire, il trouve qu'il a mis de côté 196 fr. 25. Combien gagne-t-il par jour de travail?

Rédaction.

12. — Racontez un accident arrivé à la ferme un jour de batterie et dites ce que vous avez vu faire à votre mère en attendant le médecin.

DEUXIÈME PARTIE

LA FERMIÈRE DANS SON JARDIN.

19e LEÇON.

Culture des légumes et des arbres fruitiers.

Ce n'est pas ce qu'on sème qui rapporte, c'est ce qu'on soigne.

131. — Il est bon que chaque ferme ait son petit jardin : c'est là que la fermière prend les légumes pour les repas, et si la grande culture des champs est le lot du mari, la direction du jardinet est celui de la femme intelligente. Là aussi sont les fleurs qu'elle aime à cueillir ou à voir cueillir à l'enfant dont le bonheur est d'en parer la Vierge et le grand christ de la maison.

132. — Les principaux légumes de ce petit jardin sont : les choux, les navets, les pommes de terre, les oignons, les poireaux, les haricots, les pois, les fèves, la salade telles que la laitue, la chicorée et les mâches. Mais il est bon d'y avoir aussi quelques arbres fruitiers, tels que le poirier, le pêcher, le cerisier, le prunier, le pommier et quelques arbustes comme le groseiller et le framboisier.

133. — La *pomme de terre* dans les jardins se cultive comme en plein champ. Mais on choisit alors de préférence les espèces hâtives comme la Marjolin, la Royale kidney, qui se plantent sitôt les fortes gelées passées, c'est-à-dire fin février, mars et qui se récoltent en juin-juillet.

134. — Les *oignons,* dont on connaît beaucoup de variétés, sont : l'oignon blanc hâtif de Valence, qui se sème en février, juillet et août. L'oignon blanc, très hâtif, semé sur couche en août, repiqué en octobre et novembre, est bon à manger fin mars et juillet.

Le *poireau* long d'hiver et Gros de Rouen se sèment en février et juillet.

135. — Parmi les *petits pois*, on distingue le pois nain et le pois à rames : les premiers se sèment en février et avril, tel que le Nain de Hollande. D'autres, comme le pois ridé grain vert, se sèment de février à avril et le pois ridé d'Amérique, de janvier à mai.

136. — Les *pois à rames* se sèment, suivant les espèces, de janvier à mai : le Quarantin, de janvier à avril, le Caractacus, de février à mai, le Prince Albert, le pois mange-tout et le pois Breton, de février à mai. La fermière devrait cultiver beaucoup de petits pois, car ils se vendent toujours très cher au marché.

137. — Les *fèves*, si appréciées dans la soupe et autour d'un morceau de lard se sèment de février à mars.

138. — Le *haricot vert*, outre qu'il est un excellent légume, est aussi d'un grand profit dans un ménage, car, passé dans la casserole ou la poèle, il fait un plat excellent et très nourrissant.

Les premiers semis peuvent se faire en mai, et, en ayant soin de les renouveler de quinze en quinze jours, on peut en avoir jusqu'aux gelées.

139. — Le *haricot sec,* dit de Soissons à rames, se sème en mai.

Questionnaire.

131. — Est-il bon que chaque ferme ait son jardin ? Qui doit en prendre soin ?

132. — Nommez les principaux légumes et arbres fruitiers qui doivent s'y trouver ?

133. — Comment se cultive la pomme de terre dans les jardins ? Nommez quelques espèces hâtives ?

134. — Nommez les différentes espèces d'oignons et dites à quelle époque il faut les semer ?

135. — Parlez des petits pois ?

136. — Nommez des espèces de pois à rames ?

137. — Quand sème-t-on les fèves ?

138. — Quels avantages présente le haricot vert ?
139. — Quand se sème le haricot sec de Soissons ?

Problème.

19. — Un fermier avait 640 moutons, il en a vendu 80. Combien lui en reste-t-il ?

Exercice manuel.

7. — L'élève marquera à ses initiales le mouchoir qu'elle a ourlé.

20e LEÇON.

La culture des légumes (*suite*).

Celui qui sème le vent
récolte la tempête.

140. — Parmi les salades on compte la laitue, la chicorée et les mâches. La *laitue* grosse brune d'hiver se sème de mai en septembre ; la laitue blonde d'été, d'avril à juin. Parmi les *romaines*, on cite le chicon pommé, en terre de mars à mai.

141. — Les *mâches* rondes à grosses graines, se sèment de juillet à septembre et les mâches à feuilles de laitue, les mâches vertes à cœur plein, de juillet à septembre.

142. — Les *choux* sont aussi un légume bien nécessaire dans un jardin. Le choux express et très hâtif d'Etampes se sème en août pour être mangé en avril ; le choux de Milan hâtif se sème en août et peut se manger en mai et juin. Le choux de Bruxelles se sème en mai : il résiste aux hivers les plus rigoureux. Quand on plante des choux on doit réformer impitoyablement le plant borgne, bosselé ou ayant des protubérances au collet, ainsi que celui qui aurait des racines endommagées.

143. — L'*artichaut* se multiplie facilement au moyen des œilletons que l'on plante en avril, puis on recouvre d'un paillis de feuilles et l'on arrose. Les soins consistent par la suite à couper les vieilles tiges et l'extrémité des feuilles.

144. — La culture la plus simple pour l'*oseille*, est de diviser les vieilles souches et de les planter en lignes en octobre ou au printemps.

145. — Le *cerfeuil*, qui donne une si grande saveur au boudin et au pâté de cochon, se sème à la volée comme la *cressonnette*, le *persil*, au printemps et pendant l'été et l'automne.

La *citrouille* se sème fin mars, commencement d'avril, sur un fumier recouvert de terreau.

146. — Les *arbres fruitiers* et les *arbustes* demandent tous à être cultivés de temps en temps au pied. L'arbre au pied duquel on ne remue jamais la terre ne vivra pas et ne peut produire.

147. — En plus ils demandent à être taillés chaque année au printemps, au mois d'août, septembre.

Le *framboisier* ne rapporte que lorsqu'il a été fortement taillé. Le *groseillier*, qui n'est pas difficile pour la culture, demande cependant certains soins de taille sans lesquels il ne donne pas de fruits.

148. — On doit toujours posséder un plant de jeunes pommiers pour remplacer ceux qui meurent dans les champs. La *pépinière* est labourée légèrement tous les ans et le sol recouvert d'une bonne couche de marc de pommes. Le purin, coupé d'un tiers d'eau, est aussi excellent aux pieds des pommiers.

149. — Un jardin de légumes est très pratique, mais il n'est pas mal d'y joindre un peu d'agréable; voilà pourquoi il est bon d'y cultiver *quelques fleurs*.

150. — Mais la rose, l'œillet, la pensée, le géranium sont les fleurs du pauvre aussi bien que des riches, et leurs couleurs vives, comme le parfum qui s'en exhale, sont bien faits pour égayer et reposer. L'œillet et la pensée sont des fleurs de printemps. Le géranium est une fleur d'été, mais il peut rester en pleine terre jusqu'aux fortes gelées.

151. — La rose, le lys et l'œillet ont encore l'avantage d'être recherchés des abeilles et de se vendre au marché.

Questionnaire.

140. — Parmi les salades quelles espèces compte-t-on? A quelle époque se sème la laitue grosse d'hiver?

141. — Dites ce que vous savez sur les mâches?

142. — Le choux est-il un légume utile? Nommez-en quelques espèces?

143. — Comment cultive-t-on l'artichaut?

144. — Comment se plante l'oseille?

145. — A quelle époque sème-t-on le persil, le cerfeuil, la cressonnette?

146. — Quels soins réclament les arbres fruitiers?

147. — A quelle époque fait-on la taille?

148. — Parlez de la pépinière?

149. — Est-il bon dans un jardin de joindre l'agréable à l'utile?

150. — Nommez quelques fleurs qui peuvent se trouver dans un jardin de ferme?

151. — Quels avantages présentent la rose, le lys et l'œillet?

Problème.

20. — Une femme emploie de la laine qui lui coûte 6 fr. le kilo et il lui en faut un demi-kilo pour faire 5 bas. Sachant qu'elle les revend 3 fr. 60 la paire et qu'elle met 16 jours pour en faire 6 paires, que gagne-t-elle par jour?

Rédaction.

13. — Votre mère vous a chargée du soin du ménage et du jardin, dites votre joie et comment vous comptez tout arranger.

21e LEÇON.

Les plantes médicinales usuelles.

Je le pansai, et Dieu le guérit.

151. — Il est bon de connaître quelques-unes de ces plantes dont la propriété médicinale est très précieuse; voilà le nom des plus connues :

Plantes expectorantes. — Les plantes expectorantes sont celles qui servent à débarrasser la gorge en faisant cracher. Ces plantes se prennent en infusion; telles sont : les fougères capillaires, l'hysope.

152. — *Plantes apéritives* ou digestives. — La plupart des plantes amères relèvent l'appétit et facilitent la digestion: telles sont les feuilles et les racines de la chicorée sauvage, la gentiane, les fleurs de camomille employées en infusion.

153. — *Plantes purgatives.* — Les parties de certaines plantes ont des propriétés purgatives bien caractérisées : telles sont les racines de bryone, la rhubarbe, les feuilles de mercuriale annuelle, celles de globulaire, les baies de lierre; mais ces dernières doivent être employées en petite quantité.

154. — *Plantes astringentes.* — La propriété des plantes astringentes est de resserrer les tissus organiques. On emploie la ronce, la framboise dans les maux de gorge, le coing et les prunelles incomplètement mûres contre la diarrhée, l'écorce et les glands de chêne, les feuilles de noyer, etc.

155. — *Plantes vermifuges.* — Les plantes communes propres à tuer les vers intestinaux sont : l'absinthe, l'ail, la carotte crue.

156. — *Plantes fébrifuges.* — Les plantes fébrifuges sont celles qui calment la fièvre, comme l'écorce du saule blanc, celle du marronnier d'Inde, la petite centaurée, la gentiane, la feuille d'artichaut. Ces plantes s'emploient en décoction.

157. — *Plantes sudorifiques.* — Les plantes sudorifiques sont celles qui ont la propriété de faire transpirer : le buis, la douce-amère, les fleurs du sureau et du tilleul sont les plus en usage.

158. — *Plantes émollientes.* — Les plantes émollientes sont celles qui ont la vertu de calmer les inflammations: telles sont la guimauve, le bouillon blanc, la bourrache.

159. — *Plantes calmantes.* — Les plantes calmantes sont celles qui ont la propriété d'agir sur le système

nerveux, pour apaiser et calmer les maladies; tels sont le pavot, la laitue.

Questionnaire.

151. — Qu'appelle-t-on plantes expectorantes? Citez-en ?

152. — Quelle est la propriété de la plupart des plantes amères? Nommez celles que vous connaissez?

153. — Nommez quelques plantes purgatives ?

154. — Quelle est la propriété des plantes astringentes ?

155. — Quelles sont les plantes vermifuges que vous connaissez ?

156. — Qu'appelle-t-on plantes fébrifuges? Nommez-en quelques-unes ?

157. — Quelle propriété ont les plantes sudorifiques ?

158. — Quelle vertu ont les plantes émollientes?

159. — Qu'appelle-t-on plantes calmantes?

Problème.

21. — Un cultivateur a vendu à un pharmacien 15 kilog. 85 fleur de tilleul à 1 fr. 50 le kilog.; 128 hectogr. fleur de sureau à 1 fr. 35 le kilog.; 12 hectog. fleur de guimauve à 2 fr. 30 le double kilog.; 4 kilog. 45 racine de guimauve à 0 fr. 25 le 1/2 kilog. et 325 décag. absinthe à 0 fr. 05 l'hectog. Il prend chez le pharmacien 5 paquets de sulfate de quinine de 25 centig. chacun, à 0 fr. 75 le gramme, et 45 gr. de citrate de magnésie à 3 fr. 85 le kilog. Combien lui est-il redû ?

Exercice manuel.

8. — L'élève apportera à l'école les plantes médicinales qu'elle aura cueillies dans les champs ou dans son jardin. Elle en expliquera les usages et les propriétés.

22e LEÇON.

L'Apiculture.

Le travail rend tout aisé.

160. — L'apiculture est l'art d'élever les abeilles et de leur faire produire le plus de miel possible.

La fermière ne peut pas se désintéresser des soins à donner aux abeilles. Si elle ne les donne pas elle-même, elle doit au moins savoir les diriger. Voici quelques bonnes notions qu'elle pourra retenir.

161. — *Ruches.* — L'abeille vit en famille ; chaque colonie habite une ruche. La ruche la plus avantageuse est la ruche à cadres, parce qu'elle permet d'enlever le miel sans détruire les abeilles.

162. — *Abeilles.* — La ruche renferme trois sortes d'abeilles : la reine, les ouvrières et les mâles. C'est la reine qui pond les œufs; ce sont les ouvrières qui vont cueillir sur les fleurs les éléments pour la cire et le miel. Les mâles, ou bourdons, ne travaillent point; ils sont plus gros que les ouvrières et ne portent point d'aiguillon; ils ne vivent que deux à trois mois.

163. — *Essaims.* — On appelle essaim une certaine quantité d'abeilles qui abandonnent la ruche pour aller former une nouvelle colonie. Elles sont toujours accompagnées d'une reine-mère. On recueille les essaims dans de nouvelles ruches.

164. — *Miel.* — Le miel est une substance liquide, sucrée, que les abeilles recueillent dans les fleurs. L'époque de la récolte du miel dépend de la flore du pays. On extrait le miel des ruches à cadres sans détruire les rayons. Pour cela, on se sert d'un instrument appelé turbine.

165. — *Nourriture.* — Lorsque les abeilles n'ont pas suffisamment de miel à la fin de l'été, il faut les nourrir. On peut alors leur donner un sirop composé de sucre fondu dans l'eau.

166. — *Cire. Pollen.* — La cire est une substance précieuse dont l'homme tire parti dans l'industrie. Dans la ruche, elle compose les gâteaux où les abeilles déposent le miel. Le pollen, que les abeilles apportent à la ruche, est la poussière fécondante des fleurs; il sert à la nourriture du couvain.

167. — *Ennemis des abeilles.* — Les plus redoutables ennemis des abeilles sont les crapauds, les souris, les musaraignes, les guêpes, la fausse-teigne, les araignées et les fourmis.

Quelques fleurs semées ou plantées dans le jardin de la ferme seront utiles aux abeilles tout en faisant l'agrément de la maison.

168. — La culture des abeilles est trop négligée par les cultivateurs. Ils trouveraient là, cependant, de grands profits, car cela ne coûte presque rien à produire. Ainsi, une ruche à cadre rapporte 20 fr. par an.

Questionnaire.

160. — Qu'est-ce que l'apiculture?
161. — Dites quelle ruche est la plus avantageuse?
162. — Combien une ruche renferme-t-elle de sortes d'abeilles? Que fait la reine? l'ouvrière? le bourdon?
163. — Qu'appelle-t-on essaim?
164. — Qu'est-ce que le miel?
165. — De quoi se nourrissent les abeilles?
166. — Qu'est-ce que la cire?
167. — Quels sont les ennemis de l'abeille?
168. — Pourquoi ne devrait-on pas négliger la culture des abeilles?

Problèmes.

22. — Quelle somme retirera le fermier qui vend 15 ruches à raison de 0 fr. 65 le kilo, sachant que chaque ruche pèse brut 17 kilos et que la tare est 2 kilos 725?

22 *bis*. — Le nombre des abeilles d'une ruche est

tel que s'il en meurt le 1/3, puis les 2/5 du reste, il y en a encore 20,000. Quel est le nombre des abeilles de la ruche?

Exercice manuel.

9. — Videler du linge.

TROISIÈME PARTIE

LA FERMIÈRE DANS LES CHAMPS.

23e LEÇON.

Les instruments agricoles.

Jamais mauvais ouvrier
n'a trouvé bon outil.

169. — Il est bon que la fermière, bien que n'en faisant pas usage elle-même, ait quelques notions des instruments aratoires et de la théorie des assolements.

Les principaux instruments indispensables à une exploitation sont : la charrue, la herse, le buttoir, la houe à cheval, l'extirpateur, les machines à battre et à nettoyer les grains; les instruments servant au transport des engrais et des récoltes, tonneau à purin, les pressoirs et broyeurs de pommes, etc.

170. — Ces outils sont du domaine de l'homme mais dans la grange où se prépare la nourriture des animaux, elle retrouvera le concasseur, le hache-paille, le coupe-racines, la chaudière nécessaire à la cuisson des aliments pendant l'hiver et les outils pour le jardinage.

ASSOLEMENT.

171. — Il est bon qu'elle sache la manière de faire alterner les différentes cultures dans une terre de façon à ne pas l'épuiser.

172. — Pour se faire une idée exacte de cette opération, il faut savoir que les plantes se divisent en deux classes : les plantes épuisantes et les plantes améliorantes.

A la première catégorie appartiennent les céréales, et en général les plantes qui mûrissent sur le sol. A la seconde, les plantes sarclées : rutabagas, choux, carottes, pommes de terre, betteraves; et les légumineuses : trèfle, luzerne, sainfoin.

173. — Il faut donc partager la terre en plusieurs portions destinées à porter alternativement les différentes cultures, et ne point cultiver la même plante pendant deux années consécutives.

Cela se nomme assolement, et un cultivateur intelligent choisira toujours celui qui lui donnera le meilleur rendement, tout en lui permettant de ménager la richesse de son sol le plus possible.

Questionnaire.

169. — Quels sont les instruments nécessaires à la ferme ?

170. — Quels sont ceux dont la fermière à principalement la surveillance et la direction ?

171. — Qu'entend-on par assolement ?

172. — En combien de classes se divisent les plantes ?

173. — Comment partager les terres d'une ferme pour ne pas les épuiser ?

Problème.

23. — Dans la première année de l'assolement sexennal adopté par un fermier, on emploie du fumier de ferme à raison de 40,000 kilog. à l'hectare. Le mètre cube de ce fumier étant estimé 5 fr. et pesant 800 kilog., quelle somme représente le fumier employé dans le sol de 3 hectares 34 ares.

Exercice mannel.

10. — Faire une petite chemise.

24e LEÇON.

L'engrais.

L'oisiveté, comme la rouille,
use plus que le travail.

174. — Si la fermière en général ne s'occupe pas des gros travaux extérieurs, elle peut cependant se trouver seule à la tête d'une ferme importante,

et pour cette raison, il lui est nécessaire de savoir quels sont les engrais les plus propres à fumer la terre et comment on peut obtenir ces engrais.

175. — La terre produirait peu, et même pas du tout, si le laboureur ne lui ajoutait rien qui puisse fournir aux plantes le suc nécessaire à leur végétation.

176. — C'est cette matière étrangère que nous appelons engrais. Toutes les substances animales et végétales décomposées sont des engrais; il en est de même de certains minéraux rendus solubles.

177. — L'engrais le plus commun et le plus généralement employé est le fumier.

178. — Le *fumier* se compose d'un mélange de paille ou de bruyère et de déjections solides et liquides des animaux.

Pour que le fumier soit de bonne qualité, il faut qu'il provienne d'animaux sains, bien soignés et bien nourris. Quand on le retire des étables, il doit être fortement entassé et souvent arrosé de purin pendant l'été pour l'empêcher de dessécher.

179. — Le *purin* doit être recueilli dans une fosse. Une ferme est mal tenue quand le purin va se perdre dans la cour et les fossés, car il est la richesse du cultivateur; jamais les fumiers ne doivent être déposés à la porte des habitations, à cause des émanations malsaines qui s'en dégagent et ils doivent être placés loin des puits et des mares de crainte des infiltrations qui rendraient ces eaux malsaines.

180. — La *poudrette* provenant des déjections humaines desséchées, ne peut être employée en trop grande quantité; elle serait trop active et faciliterait trop la végétation herbacée.

181. — Le *nitrate de soude* est un sel qui provient de la terre. Il renferme de l'azote comme le fumier, mais sous la forme la plus assimilable aux plantes. On le répand sur les céréales après qu'elles ont tallé, avant qu'elles épient; il donne « le coup de fouet » à la végétation.

On emploie aussi au printemps le ***noir animal*** provenant de la préparation qu'on fait subir aux ossements des animaux pour la clarification des sucres.

182. — Parmi les engrais, on compte encore le *phosphate de chaux*, corps composé d'acide phosphorique et de chaux, on en trouve dans plusieurs départements français, principalement dans les Ardennes, la Meuse, l'Oise, la Somme, le Lot. On l'emploie pour les plantes racines, et pour les céréales quand la verse est à craindre.

183. — La *marne* est un composé d'argile, intimement associée à du carbonate de chaux; c'est un bon engrais pour les terres lourdes et compactes : mais elle est rare en Bretagne.

184. — La *chaux* exerce une action favorable sur les trèfles après une bonne fumure; mais il ne faut jamais employer ensemble la chaux et le fumier.

185. — La *cendre* convient aux prairies. On en fait des composts en la mélangeant avec d'autres matières.

Questionnaire.

174. — Une fermière doit-elle connaître les engrais et les moyens de s'en servir? Pourquoi ?

175. — Pourquoi doit-on fumer la terre ?

176. — Comment appelle-t-on cette matière étrangère qu'on y ajoute ?

177. — Quel est l'engrais le plus commun ?

178. — Qu'est-ce que le fumier ? Que lui faut-il pour qu'il soit de bonne qualité ? Que doit-on lui faire pour l'empêcher de sécher ?

179. — Parlez du purin ?

180. — Qu'est-ce que la poudrette ? Quand doit-on s'en servir ?

181. — Qu'est-ce que le nitrate de soude? Son utilité ?

182. — Dans quels départements trouve-t-on les phosphates ?

183. — Qu'est-ce que la marne ?

184. — Sur quelles plantes la chaux exerce-t-elle une action favorable ?

185. — La cendre convient-elle aux prairies ?

Problème.

24. — Une ferme de 85 hectares a produit 15 hectolitres de blé par hectare. Ce blé s'est vendu 25 fr. les 100 kilog. Dites ce qu'a rapporté la ferme en hectolitres et en argent.

Rédaction.

13. — Racontez de quelle manière vous pouvez rendre service à votre mère dans les soins du ménage. Dites si vous en êtes heureuse. Ecrivez à une de vos amies pour savoir si son père emploie les mêmes engrais que le vôtre.

Exercice manuel.

11. — Apportez un échantillon de tous les engrais minéraux que votre père a achetés au Syndicat agricole.

25e LEÇON.

Les céréales.

Chacun récoltera dans la vieillesse
ce qu'il aura semé dans la jeunesse.

186. — On nomme céréales les graminées dont le grain sert à la nourriture de l'homme et des animaux : le blé, l'avoine, l'orge, le seigle, le maïs, le millet; quoique le sarrasin, ou blé noir, ne soit pas une graminée, on le considère néanmoins comme une céréale.

187. — La plus importante de toutes, c'est le *blé*, dont le grain est jaune et de forme un peu ovale. C'est le blé qui nous donne le pain, la nourriture la plus saine et la meilleure pour l'homme.

188. — Dans nos pays, le blé reste de huit à neuf mois en terre; sa culture demande le plus grand soin. Il faut, avant l'époque des semailles, donner

un ou plusieurs labours profonds et hersages préparatoires pour ameublir le sol, le fumer ensuite le plus possible et donner un second labour superficiel pour la semaille.

189. — Le blé se sème en octobre et novembre, en Bretagne. Dans le nord, on ne le récolte guère avant la fin de juillet; mais, dans le midi de la France, la moisson se fait en juin.

190. — Le blé résiste au froid et aime les terrains secs. La paille d'avoine et celle de blé sont les meilleures de toutes. On les donne en nourriture aux chevaux en les mélangeant avec le foin.

191. — Après le blé, la plus utile de nos céréales est l'*avoine,* dont le grain est noir ou jaunâtre et est une nourriture pour le cheval. Dans certaines parties de la France, comme en Bretagne, on fait moudre ce grain et c'est avec cette farine que la ménagère de nos fermes fait la bouillie dite d'avoine si appréciée du laboureur.

192. — On cultive plusieurs variétés d'avoine, l'une que l'on sème en octobre, appelée avoine d'hiver, et l'autre en février, commencement de mars, appelée avoine de printemps; la récolte se fait en juillet.

193. — La paille d'avoine est une nourriture excellente en hiver pour les animaux de la ferme; elle sert aussi à faire leur litière.

Questionnaire.

186. — Qu'appelle-t-on céréales?

187. — Quelle est la plus importante de nos céréales? Que nous donne-t-elle?

188. — Combien de mois le blé reste-t-il en terre? Sa culture demande-t-elle des soins?

189. — A quel époque le blé se sème-t-il? Quand se récolte-t-il?

190. — Le blé résiste-t-il au froid? Que fait-on de la paille?

191. — Après le blé, quelle est la plus utile de nos céréales? Que fait-on de l'avoine?

192. — Combien de variétés d'avoine cultive-t-on? A quelle époque les sème-t-on? Quand se fait la récolte?

193. — Que fait-on de la paille d'avoine?

Problème.

25. — Une ménagère a vendu dans une année 60 kilos de laine à raison de 3 fr. le 1/2 kilo. Elle a acheté, avec cet argent, 30 mètres de toile à 1 fr. 50 le mètre. Dites ce qui lui reste?

Exercice manuel.

12. — Apportez un échantillon des céréales que l'on cultive chez vous.

26e LEÇON.

Les céréales (*Suite.*)

Dieu ne refuse rien au travail.

194. — Le *seigle* est dit-on le froment de l'indigent, il est moins exigeant que le blé sur la nature du sol : il réussit dans les terres sablonneuses où le blé ne donnerait qu'un faible produit; on le sème fin septembre, commencement d'octobre et la maturité est un peu plus précoce que celle du blé.

195. — Avec le grain on fait un pain rafraîchissant. Souvent aussi le seigle se sème pour être coupé en vert, en mars et en avril : c'est un excellent fourrage. Quand on le laisse mûrir, la paille sert de litière aux animaux; on en fait également des paillassons pour les serres.

196. — L'*Orge* dont le grain entre dans la fabrication de la bière, sert aussi en pharmacie. On la sème en octobre, c'est l'orge d'hiver ou escourgeon. Celle de printemps se sème en avril. Les chevaux en mangent très bien la paille.

197. — Le *sarrasin* ou blé noir, se sème fin mai et juin. La terre est d'abord soulevée en hiver, puis travaillée au printemps avant les semailles. Le noir animal et le phosphate sont souvent employés comme fumure. On récolte le sarrasin en septembre. Pour les Bretons, il est une nourriture saine et estimée.

198. — La paille sert de litière, elle ne se ramasse pas dans les greniers où elle s'échaufferait, mais se met en meule dans la cour de la ferme. Elle ne peut être utilisée comme fourrage, mais seulement comme litière sous le bétail.

199. — En Bretagne, le maïs ne peut être cultivé pour le grain qui n'arrive pas à maturité, mais c'est un fourrage vert de première qualité ; on le sème en juin.

Le millet est aussi cultivé pour fourrage vert, cependant on en consomme le grain en bouillie. Il est moins exigeant que le maïs.

Questionnaire.

194. — Qu'est-ce que le seigle ? Dans quel terrain vient-il ?

195. — Que fait-on du grain de seigle et de sa paille ?

196. — Que fait-on de l'orge, quand se sème-t-elle ? Que fait-on de sa paille ?

197. — Le sarrasin ou blé noir quand se sème-t-il ? Quand le récolte-t-on ?

198. — A quoi sert sa paille ? Peut-on la ramasser ?

199. — Cultive-t-on le maïs en Bretagne ?

Problème.

26. — Une fermière a fait consommer à ses vaches 3,000 kilog. de foin dans un hiver. Le foin valait 50 fr. les mille kilog., elle a vendu pour 500 fr. de beurre. A-t-elle gagné ou perdu ?

Rédaction.

14. — Dites ce que vous pensez sur les différents fourrages que vous voyez donner aux animaux de la ferme ; lequel vous croyez le meilleur. Pourquoi ?

27e LEÇON.

Les pâtures, les prairies et les plantes fourragères.

Si tu veux des blés, fais des prés.

200. — On nomme pâture toutes les pièces de terre réservées pour faire paître le bétail; mais c'est un mauvais système de culture, à peu près abandonné comme n'étant pas assez productif.

200 *bis*. — Les *prairies naturelles,* que tout le monde connaît, demandent un sol riche, frais, et doivent être engraissées chaque année, si l'on veut en obtenir un bon produit; en se servant de scories et de phosphates de chaux, on augmente la récolte d'un tiers. Le foin est une récolte comme le blé et les autres plantes cultivées.

201. — On choisit généralement les terrains rapprochés d'un cours d'eau pour établir les prairies naturelles qui, souvent, sont fertilisées par les crues survenant à la fin de l'hiver; mais, cependant, il est utile de ne pas laisser l'eau séjourner trop longtemps sur les prairies, la nature des plantes qui y végéteraient serait de moins bonne qualité; à cet effet, il est donc nécessaire de faire des rigoles d'assainissement pour évacuer, en hiver, les eaux surabondantes.

202. — Si au printemps et à l'été on peut disposer d'un cours d'eau pour les arroser et les irriguer, on augmente considérablement le rendement. Au printemps, un léger hersage des prairies contribue à augmenter la récolte et à détruire les monticules de terre soulevés par les taupes. Les principales plantes composant les bonnes prairies appartiennent à la famille des graminées et à celle des légumineuses.

203. — La récolte du foin doit se faire au moment de la floraison des plantes, c'est généralement en juin; il ne faut pas attendre que les plantes soient défleuries, le foin n'aurait plus la même qualité.

204. — On appelle *prairies artificielles* toute pièce de terre semée de légumineuses, de graminées, tels que le ray-gras, le trèfle, la vesce, la luzerne, le sainfoin.

205. — La *luzerne* ne vient bien que dans les sols calcaires et profonds; elle exige une terre d'excellente qualité, perméable sans humidité permanente.

206. — Le *sainfoin*, qui se cultive de la même façon, aime les terrains calcaires et peu profonds; c'est un excellent fourrage que l'on donne vert ou que l'on peut faire sécher pour le conserver l'hiver.

207. — On cultive deux variétés de *trèfle* : le trèfle incarnat, qui se sème en août et septembre et ne donne qu'une coupe au printemps, et le trèfle violet, qui se sème au printemps et fournit plusieurs coupes, de mai en octobre, l'année suivante.

208. — La *vesce* se sème en octobre, pour la variété dite d'hiver, et en mars et avril, pour la variété dite de printemps. Elle donne un excellent fourrage de printemps et d'été.

Le *seigle*, semé en septembre, fournit une première coupe de verdure en avril.

Le *chou*, planté en juin, donne, en novembre, un fourrage abondant et très estimé.

Le *raygrass*, qu'on peut semer presque toute l'année, donne deux coupes par an lorsqu'il est bien soigné.

Si l'on a soin de bien organiser la succession de ces fourrages, jamais les animaux ne souffriront à l'étable si la fermière veille avec soin à ce que ses provisions d'hiver, telles que foin, paille et racines soient distribuées sans gaspillage.

209. — Le *maïs*, malheureusement encore trop peu connu, semé en mai et juin, fournit, pour l'automne, une nourriture des plus abondantes; il peut se conserver, en silo, pour fourrage hivernal.

Questionnaire.

200. — Qu'appelle-t-on pâture? Sous quel nom

les connaît-on? En combien de classes divise-t-on les prairies?

200 *bis*. — Doivent-elles être engraissées? Quel engrais employer?

201. — Quel est le terrain qui leur convient?

202. — L'irrigation augmente-t-elle la récolte? Et le hersage?

203. — A quelle époque coupe-t-on les prairies? Comment appelle-t-on l'herbe séchée?

204. — Qu'appelle-t-on prairies artificielles?

205. — Qu'est-ce que la luzerne? Vient-elle en Bretagne?

206. — Qu'est-ce que le sainfoin? Peut-il être séché?

207. — Combien de variétés de trèfle cultive-t-on? Nommez-les et dites à quelle époque elles se sèment?

208. — Quand sème-t-on la vesce, le seigle et le raygrass?

209. — Parlez du maïs?

Problème.

27. — On a acheté un champ de 284 mètres de long et de 175 mètres de large à 30 fr. l'are. On trace tout autour un chemin de 1 mètre de large. 1° Combien ce champ a-t-il coûté? 2° Quelle est la superficie ensemencée?

Rédaction.

15. — Dites ce que vous savez des pâtures et des prairies?

28e LEÇON.

Les plantes racines.

> L'homme ne peut rien sans le secours de Dieu.

210. — On appelle plantes racines ou tubercules celles dont la racine sert de nourriture à l'homme et aux animaux. Parmi ces plantes, on nomme la

première la pomme de terre, qui est, on peut le dire, le plus utile de tous les légumes.

211. — La *pomme de terre* est originaire d'Amérique; elle fut apportée en France vers la fin du XVIe siècle par Charles de l'Escluse. Sa culture fut recommandée et propagée par Parmentier vers 1775.

212. — La pomme de terre est une nourriture pour l'homme et l'animal. Elle se cultive en plein champ et se plante en mars et avril.

213. — On choisit de préférence pour cultiver, les variétés à grands rendements. Elle demande une terre très fumée et profondément défoncée : on la plante de 40 à 50 centimètres en tous sens.

214. — C'est en automne qu'on arrache les pommes de terre; mais de l'époque des semailles à celle de la récolte, elles demandent à être binées deux fois et buttées afin de détruire les mauvaises herbes. Avant de les ramasser on les laisse quelques jours sur le sol afin de les faire un peu sécher.

215. — La *betterave* est d'une grande utilité pour l'agriculteur. On ne saurait trop en recommander la culture comme nourriture des animaux. Les semis de betteraves se font fin avril et mai.

216. — La betterave demande un terrain fortement fumé, labouré profondément et bien ameubli par plusieurs labours et hersages successifs.

216 *bis*. — Les betteraves faites en semis se transplantent lorsqu'elles ont 4 ou 5 feuilles; celles semées sur place sont éclaircies pour les distancer et les isoler. Pendant la végétation, il faut leur donner plusieurs binages et sarclages pour détruire les mauvaises herbes et ameublir le sol.

217. — La feuille, bien que maigre fourrage, peut être donnée en nourriture aux animaux.

En automne on les arrache pour les mettre à l'abri des froids de l'hiver pour les conserver. La betterave est une excellente nourriture pour les vaches.

218. — La *carotte* et le navet se sèment en avril, mai, juin, en lignes comme la betterave. On les récolte en octobre.

219. — Le *topinambour* est une espèce de pomme de terre et se cultive de la même façon. Il est une nourriture pour l'homme, les vaches, les porcs et sert aussi à la fabrication de l'eau-de-vie.

220. — Parmi les plantes racines on compte encore le *rutabaga,* dont la racine et les feuilles sont une excellente nourriture pour les vaches laitières. Le *panais* qui convient, comme la carotte blanche, pour la nourriture des chevaux.

Questionnaire.

210. — Qu'appelle-t-on plantes racines; quelle est celle que nous pouvons appeler la première et la plus utile ?

211. — D'où nous vient la pomme de terre? Qui l'a importée en France ? Par qui sa culture a-t-elle été recommandée et propagée en France ?

212. — A qui la pomme de terre sert-elle de nourriture? Où se cultive-t-elle et quand la sème-t-on?

213. — Quelles espèces choisit-on de préférence pour les semences?

214. — Quand arrache-t-on les pommes de terre, et que leur fait-on subir avant de les récolter ?

215. — La betterave est-elle utile au laboureur? A quelle époque fait-on les semis ?

216. — Quel terrain demande la betterave ?

216 *bis*. — La laisse-t-on sur semis ? Au bout de quelques semaines, que lui fait-on subir quand elle est transplantée ?

217. — Que fait-on de la feuille de betterave? Quand les arrache-t-on ?

218. — Quand sème-t-on la carotte et le navet ?

219. — Qu'est-ce que le topinambour ? A quoi sert-il ?

220. — Quelle plante compte-t-on encore parmi les plantes racines? Qu'en fait-on ?

Problème.

28. — La deuxième année de l'assolement sexennal, on sème de l'avoine de printemps; cet ensemencement est précédé d'un chaulage de 30 hectol. à l'hectare à raison de 1 fr. 60 l'hectol. : Que coûte ce chaulage pour les 3 hectares 34 ares de la sole.

Rédaction.

16. — Parlez de Parmentier. Racontez comment il parvint à faire semer le premier champ de pommes de terre.

29e LEÇON.

La comptabilité.

L'ordre est le père de l'économie.

221. — Dans toute entreprise, agricole, industrielle, commerciale, ou autre; il est essentiel, nécessaire, indispensable, de se rendre compte aussi exactement que possible de toutes les opérations que l'on fait.

222. — Le seul moyen pour y arriver, est de tenir une comptabilité régulière de toutes les dépenses, de toutes les recettes effectuées, et d'établir au moins une fois chaque année, le bilan de sa situation par un inventaire régulier du matériel de l'exploitation; mobilier, grains, bestiaux, instruments agricoles, meubles, linge, argent comptant, créances actives, et dettes passives.

223. — La différence entre l'actif et le passif, fait connaitre les pertes ou les bénéfices.

Ainsi par exemple, on entre dans une ferme avec une somme de 10,000 francs, avec laquelle on achète ce qui est nécessaire pour vivre et l'exploiter; à la fin de l'année, on estime au cours du jour les valeurs que l'on possède, et l'on s'assure ainsi des pertes éprouvées, subies, ou des bénéfices réalisés.

224. — Généralement, ce n'est pas dans les premières années d'une exploitation agricole que l'on peut espérer de grands profits, car le plus souvent le cultivateur intelligent fait des améliorations dont il profitera plus tard.

Mais dans toute exploitation, il faut toujours préférer l'utile, le nécessaire à l'agréable.

225. — Le cultivateur, souvent fatigué des gros travaux, néglige de tenir une comptabilité en règle. C'est à la fermière de le suppléer; elle a plus de temps, quelquefois plus d'instruction, et rendra alors le plus grand service à l'exploitation.

226. — La fermière aura, outre son *carnet de poche :* 1° Un *livre journal;* 2° Un *livre de caisse;* 3° Un *livre d'inventaire.*

227. — Le *Journal* est un registre sur lequel on inscrit toutes les opérations : achats, ventes, échanges, etc. au fur et à mesure qu'elles se produisent.

228. — Le *livre de caisse* est un registre où l'on inscrit les recettes et les dépenses à mesure qu'elles ont lieu.

229. — *L'inventaire* d'une exploitation doit se faire au moins une fois chaque année, à la fin de décembre. Cet inventaire consiste à établir la valeur actuelle de tout ce que le cultivateur possède (actif) mobilier, instruments, grains, bétail, etc.; ensuite l'énumération de tout ce qu'il doit (passif.) — La différence entre l'actif et le passif lui fera connaître exactement sa situation. — Le détail de ces diverses opérations s'inscrit sur un registre spécial appelé livre d'inventaire.

230. — Le cultivateur soigneux et actif doit toujours tenir sa comptabilité de façon à ne rien omettre, à ne rien oublier. Et s'il est dans l'impossibilité de le faire, qui le fera pour lui avec intérêt, si ce n'est la ménagère?

Chaque soir elle notera les dépenses et recettes de la journée et le dimanche elle relèvera le tout sur son registre.

Une comptabilité bien tenue est le seul moyen de connaître les pertes éprouvées dans l'année, les bénéfices réalisés, et quels sont les produits de la ferme les plus rémunérateurs.

Questionnaire.

221. — Doit-on se rendre compte des opérations que l'on fait dans une ferme?
222. — Quel est le moyen?
223. — Comment reconnaît-on les pertes ou les bénéfices? Exemple.
224. — Le cultivateur fait-il de grands profits dès les premières années qu'il cultive une ferme?
225. — Qui peut suppléer le cultivateur dans la tenue de la comptabilité?
226. — Outre son carnet de poche, quels registres devra-t-elle avoir?
227. — Qu'est-ce que le livre-journal?
228. — Qu'est-ce que le livre de caisse?
229. — En quoi consiste l'inventaire?
230. — Que fera chaque soir la fermière intelligente? et le dimanche?

Problème.

29. — En admettant que les frais d'exploitation de 1 hect. de terre cultivée en blé s'élèvent à 378 fr. et que le produit d'un hectare soit de 21 hectol. 75 de grain et d'une quantité de paille évaluée à 98 fr. à quel prix faut-il que le cultivateur vende l'hectol. de blé pour gagner 138 fr. 60 par hectare?

Exercice manuel.

13. — On apportera un échantillon de chacune des plantes fourragères cultivées à la ferme.

30e LEÇON.

Restez à la campagne.

Les cieux racontent la gloire de Dieu.

Une vie qui s'écoule sous l'œil de Dieu, au milieu des champs, procure la paix de l'âme et la joie du cœur.

Enfant, ce petit livre dans lequel nous avons cherché à vous donner quelques leçons utiles pour bien tenir un ménage, nous l'achèverons par un dernier conseil ou plutôt une prière, qui vous sera spécialement adressée.

A vous, que Dieu a fait naître au milieu des champs, nous disons ces quelques mots : *Ne les quittez pas.*

Vous allez grandir et, bientôt, vous entendrez ces paroles qui font tant de mal aujourd'hui : « A la ville, on gagne beaucoup en se donnant moins de mal. » On vous trompe pour vous enlever cette paix et tranquillité qui font tout le bonheur ici-bas.

Hélas! Peut-être, en effet, l'ouvrière a-t-elle quelquefois un gain journalier plus considérable que la petite fermière. Mais, ne voyez-vous pas ces joues pâles, ce regard fiévreux et inquiet? Une mansarde est son logement, et c'est comme à regret que l'air semble pénétrer dans l'atelier où elle passe ses jours et souvent ses nuits.

L'hôpital et la misère la plus noire sont les deux choses auxquelles elle doit s'attendre si, un jour ou l'autre, la maladie ou le manque d'ouvrage se font sentir. Heureuse encore, si la perte de l'âme ne suit pas celle du corps; car la corruption est grande et les occasions de mal faire bien nombreuses dans la ville. Jeunes filles, ne quittez jamais le toit de chaume ou d'ardoises qui vous a vues naître. Restez à l'ombre des genêts dans lesquels, si souvent, vous avez conduit les troupeaux et pris vos ébats; mais surtout, oh! surtout, restez groupées autour de la croix dominant l'humble église où vous avez reçu votre plus beau titre : celui de *chrétiennes*.

Soyez fières de le porter, ce titre qui, seul, vous aide à marcher dans la vie, qui vous fait enfants de ce Dieu si bon, vers lequel votre cœur s'élèvera de lui-même devant cette belle nature dont il est le seul créateur.

Soyez fières aussi de vos occupations si simples, si basses, en apparence, mais si grandes, en réalité, aux yeux de tout homme qui a le cœur droit. Elles font de vous les auxiliaires, le soutien du laboureur, dont les sueurs donnent du pain à ceux mêmes qui vous méprisent et veulent vous perdre.

Plus tard, quand les ans viendront courber vos fronts vers la terre, vos yeux sauront bien trouver la direction du ciel, que votre simplicité, vos travaux et vos joies si pures vous auront mérité. La mort de l'enfant des champs est, en général, aussi calme que sa vie. Il remet son âme entre les mains de son Créateur avec la même confiance que lorsque, chaque année, il confiait à la terre ce petit grain de blé qu'il savait que Dieu gardait et se chargeait de faire germer.

CONCLUSION.

Les bonnes mœurs, le travail, l'ordre, l'économie, la probité, la sobriété, la propreté, l'éducation religieuse des enfants, la surveillance de la moralité des domestiques, de leur conduite, sont des conditions indispensables pour arriver au succès d'une exploitation agricole et à la prospérité dans la famille.

www.ingramcontent.com/pod-product-compliance
Lightning Source LLC
LaVergne TN
LVHW050427160826
845677LV00002BA/570

* 9 7 8 2 3 2 9 6 8 9 7 5 3 *